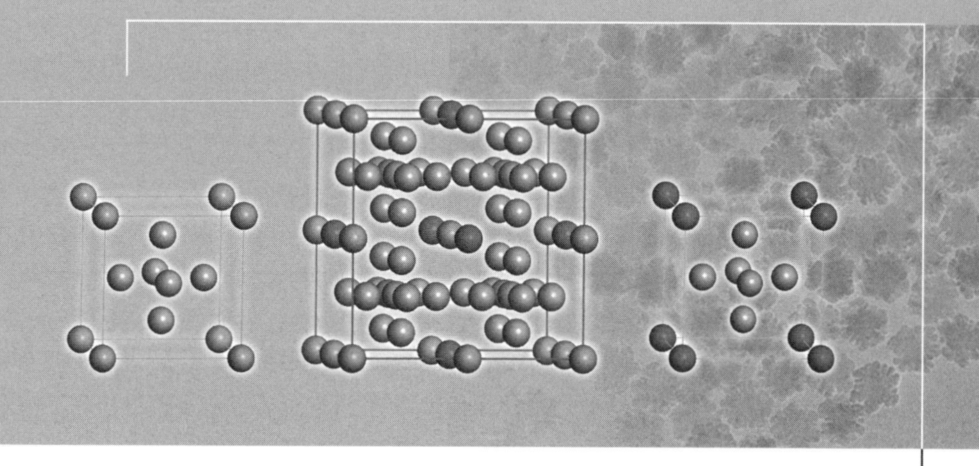

纳米晶稀土六硼化物：从制备到物理性质

潮洛蒙　尚　涛　著

北京理工大学出版社
BEIJING INSTITUTE OF TECHNOLOGY PRESS

内 容 简 介

稀土元素化合物通常具有丰富的物理内涵以及优异的物理性能，在很多高科技领域有着广泛的应用。其中纳米晶稀土六硼化物 RB_6 具有优异的透明隔热性能，在智能窗领域有很好的应用前景。本书重点阐述了纳米晶 RB_6（R = La，Ce，Pr，Nd，Sm，Eu）的制备方法及物理性质。全书共设 9 章。第 1 章主要介绍 RB_6 的结构以及特点；第 2 章介绍了纳米材料的概念及特点；第 3 章中对 RB_6 的制备方法进行了一个概述；第 4 章详细介绍了立方纳米晶 RB_6 的制备及表征；第 5 章介绍了纳米晶 RB_6 的光学性质；第 6 章中介绍了 RB_6 光学性质的第一性原理研究结果；第 7 章介绍了纳米晶 RB_6 的磁性；第 8 章中介绍了纳米晶 RB_6 的场发射特性；第 9 章对纳米晶 RB_6 的研究方向进行了展望。

本书适合从事材料科学研究，尤其稀土材料研究的科研人员、教育工作者、研究生参考使用。

图书在版编目（CIP）数据

纳米晶稀土六硼化物：从制备到物理性质 / 潮洛蒙，尚涛著．—北京：北京理工大学出版社，2021.2

ISBN 978-7-5682-7928-4

Ⅰ．①纳…　Ⅱ．①潮…　②尚…　Ⅲ．①稀土金属－硼化物－纳米材料－研究　Ⅳ．①TB383

中国版本图书馆 CIP 数据核字（2021）第 023265 号

出版发行 / 北京理工大学出版社有限责任公司
社　　址 / 北京市海淀区中关村南大街 5 号
邮　　编 / 100081
电　　话 /（010）68914775（总编室）
（010）82562903（教材售后服务热线）
（010）68948351（其他图书服务热线）
网　　址 / http：//www.bitpress.com.cn
经　　销 / 全国各地新华书店
印　　刷 / 保定市中画美凯印刷有限公司
开　　本 / 710 毫米×1000 毫米　1/16
印　　张 / 8
彩　　插 / 1
字　　数 / 146 千字
版　　次 / 2021 年 2 月第 1 版　2021 年 2 月第 1 次印刷
定　　价 / 42.00 元

责任编辑 / 张海丽
文案编辑 / 张海丽
责任校对 / 周瑞红
责任印制 / 李志强

前言

PREFACE

稀土元素和硼元素可以组成结构稳定的二元或二元以上的化合物——稀土硼化物。而在众多稀土硼化物家族中，稀土六硼化物（RB_6，其中 R 为稀土元素）作为最著名的阴极材料，几十年以来一直是被广泛研究的金属间化合物之一。由于 RB_6 晶体结构以及电子结构的特殊性，它具有熔点高、电子逸出功低等诸多优异的物理特性，因此在民用及国防相关的高技术领域有广泛的应用。进入 21 世纪之后，人们在 RB_6 系列材料中相继发现了更多有趣的新现象，如金属 - 绝缘体转变、拓扑绝缘体、重费米子行为、巨磁阻、超导等，这些丰富的物理现象使 RB_6 成为凝聚态物理前沿领域的一个研究热点。而在 2003 年，澳大利亚研究人员发现纳米颗粒的 LaB_6 具有非常好的可见光透过率以及近红外阻挡率，可成为较理想的智能窗用透明隔热材料，至此纳米晶 RB_6 的制备及性能研究变成了材料科学领域的又一个热点。目前虽已出版过一些 RB_6 方面的书籍材料，但内容各有侧重点，而关注点不外乎都在 RB_6 的体材料上，关于纳米晶 RB_6 的新颖观点尚未包含在这些书籍材料中。因此，编著一本内容新颖的纳米晶 RB_6 方面的专著，是作者长久以来的梦想。

本书不过多阐述 RB_6 体材料几十年以来的研究情况，而把内容聚焦在 RB_6 的纳米材料上，重点介绍纳米晶 RB_6 的制备方法及物理性质。本书的内容多为作者近些年的学习心得和研究成果，此外还吸收了国内外同行的研究成果。本书对纳米晶 RB_6 材料的总结除可为材料科学界同行提供一个较好的参考之外，书中介绍的实验分析手段以及理论计算方法也可为高校学生提供一个较好的参考材料。内蒙古科技大学包金小教授参与了本书部分内容的编写工作，并对我们的撰写工作提供了帮助与指导，作者在此表示深深的感谢。

因作者水平及能力有限，书中难免有不妥当处及疏漏，殷切希望读者批评指正。

潮洛蒙

2020 年 6 月 30 日

目　录

CONTENTS

第1章
绪　论

1.1　稀土六硼化物的特点及应用研究现状

稀土元素一般是化学周期表中镧、铈等15种镧系元素加上钪、钇共17种金属元素的总称。1794年，芬兰化学家加多林（John Gadolin）在瑞典旅行的时候注意到了采石场的一种矿石，于是对其进行了实验后认为该矿石含有一种之前没发现过的新“土”。这种新“土”要比常见的那些“土”稀少得多，因此人们把它称为“稀土”[1]。大概过了一个世纪后，人们发现这种“稀土”中含有十多种元素，这就是现在的稀土元素。

根据稀土元素原子的电子层结构、离子半径以及其物理化学性质等特征，稀土元素一般可分为轻稀土和重稀土。轻稀土包括镧（La）、铈（Ce）、镨（Pr）、钕（Nd）、钷（Pm）、钐（Sm）以及铕（Eu）等元素，重稀土包括钆（Gd）、铽（Tb）、镝（Dy）、钬（Ho）、铒（Er）、铥（Tm）、镱（Yb）、镥（Lu）、钪（Sc）以及钇（Y）等。由于其独特的电子结构，稀土元素具有优良的磁光电等物理特性，能与其他元素组成新型化合物，常常被称为“工业黄金”。此类化合物品种繁多、性能各异，可以显著提高产品的性能和质量，被广泛应用于民用及军事领域，成为激光、电子、超导、核工业、冶金、石油、陶瓷等行业诸多高科技中的润滑剂。

稀土六硼化物（RB_6，R代表稀土元素）就是众多稀土化合物中的一种，是稀土元素与硼元素组成的结构稳定、化学计量比固定的二元或赝二元化合物。二元稀土六硼化物常见的有LaB_6、CeB_6、PrB_6、NdB_6、SmB_6、EuB_6、Yb_6等的单晶、多晶块体和粉末；赝二元稀土六硼化物常见的有$La_xEu_{1-x}B_6$和$La_xSm_{1-x}B_6$等三价La元素与其他混合价或二价稀土元素组成的化合物。与其他稀土化合物一样，RB_6在很多方面表现出了优良的物理性能，这源于稀土原子特殊的4f轨道、丰富的电子结构以及硼原子的缺电子特性。

1951 年，Lafferty 发现 LaB_6 是一种优异的阴极材料，其发射性能比其他 ThO、Th－W、Nb、Ta、W、Mo 等阴极材料更好[2]。他认为 RB_6 表面的稀土金属原子层非常活跃，这将导致壁垒能量较低，使电子能较容易地逸出 RB_6 的表面。当温度上升到足够高时，RB_6 表面上的稀土原子被蒸发掉，而晶体内部的稀土原子立即扩散到表面填补出现的空位，同时硼的八面体框架不会被蒸发，保持了结构的稳定性，因此 RB_6 能够保持其表面的持续活跃性，能连续不断地向外发射电子。自此，RB_6 引起了世界上众多科学家的兴趣，开启了 RB_6 的研究热潮。但由于 RB_6 属于国防军工领域的重要材料，直到 20 世纪 80 年代前，各个国家对其进行技术封锁，很少见公开研究报道。到了 80 年代，RB_6 的研究转向民用后公开研究才多了起来，现已成为材料物理化学的一个研究热点。经过多年的研究，人们已发现 RB_6 一些特有的性质[3-8]，如电子逸出功低（如 LaB_6 的功函数大约 2.66 eV，发射常数为 29 $A/cm^2 \cdot K^2$）、蒸发速率低、熔点高（如 LaB_6 的熔点约为 2 715 ℃）、硬度高（如 LaB_6 维氏硬度大约为 27.7 GPa）、热膨胀率低（在一定温度范围内热膨胀系数为零）、化学稳定性好（在常规环境中不易氧化）、导热性能优良、导电性好（如 LaB_6 的室温电阻率大约为 27 $\mu\Omega \cdot m$）、耐离子轰击能力强（可在 100 MPa 的环境下正常工作）、抗辐射性能强（能吸收中子），因此在电子工业、雷达、仪器仪表、航空航天、冶金、家电、医疗器械、环保等高技术领域都能见到其身影[9]。例如 LaB_6 是大功率电子管阴极材料的最佳候选，被广泛应用在雷达、电子雕刻、集成电路加工、电子焊接、载粒子加速器以及电子束加热源等相关领域；RB_6 具有耐高温特性，因此在气象卫星、航空航天等领域中许多重要器件的关键材料由它们制成；RB_6 具有强悍的抗辐射特性，因此在核工业领域中常常被用作各种包装材料或建筑用砖；RB_6 在中低温下即可展现出高亮度和高电流密度，因此可用于电子显微镜和电子探针仪的点光源，在超薄等离子电视显像管、X 射线单色器、选择性光学过滤器等领域都有其身影；用 RB_6 做成阴极能产生氩等离子体，因此可用于等离子体医疗手术仪，能切割和凝结细胞组织，对咽喉、腹腔、肿瘤等手术有很大的帮助。

此外，用 RB_6 做的复合材料在国防和民用领域发挥着重要作用。例如，LaB_6-ZrB_2 复合材料可作为飞机涡轮叶片的高温结构材料；LaB_6 与 ITO（氧化铟锡）等的复合材料可制作透明有机发光二极管（transparent organic light emitting diode，TOLED），用于高分辨率、全色彩的平板显示器；将纳米尺寸的 LaB_6 晶粒分散在 PVB（聚乙烯醇缩丁醛）等材料中形成薄膜贴在玻璃上做成新型隔热玻璃，可以有效阻挡太阳光中的红外线，同时还能保证可见光的高透射，在保证采光度的情况下把大部分热量拒之窗外。综上所述，RB_6 的应用价值非常高，有极大的社会效益和经济效益。鉴于以上原因，RB_6 成了近年来各国研究人员高度关注的一种材料。乌克兰国家科学院材料研究所经过多年的精心研究，采用定向凝固或区域提纯等难度较高的方法制备出了性能优异的高质量 RB_6 单晶、多晶和粉末样品，技术处于国际领先水平[10-12]。近年来，美国在 RB_6 纳米材料的制备及应用方面取得了一些进展，制备出了一系列纳米线及纳米管，并对其场发射性能进行了研究[13-18]。在单晶 RB_6 的应用方面，日本已将其用于各类电子显微镜阴极，如东芝公司的新一代彩色电视机显像管阴极等。

我国对 RB_6 的研究也经历了几十年的时间，取得了不错的成果。包头稀土研究院从20世纪60年代起开始研究二元及三元 RB_6 粉末的制备工艺，并在80年代初自行设计成功用于生产 RB_6 单晶的双电弧加热悬浮区熔炉，其生产的 LaB_6 单晶质量达到国际水平。近年来，山东大学、北京工业大学、中南大学、东北大学、内蒙古师范大学、吉林大学等单位先后开展了 RB_6 微粉、纳米晶、多晶及单晶样品的制备工艺研究，取得了很好的成果[19-28]。在今后的工作中，我们应再加强对 RB_6 的基础研究以及相关产品的开发工作，进一步探索和扩大新的应用领域。

1.2 稀土六硼化物的结构

在1932年的时候，Allard 及 Stackelberg 等人发现了稀土六硼化物独特的晶体结构[29-30]。RB_6 的晶体结构属于 CsCl 型的立方晶系，如图 1.1 所示（空间群为 $Pm\bar{3}m$）。稀土原子 R 位于立方体的 8 个顶角上，在立方体的中心位置 B 原子形成八面体，也可以看成稀土原子 R 位于立方体中心位置，立方体 8 个顶角上 B 八面体形成稳定的骨架。B 原子与 B 原子之间有两种类型的键，如图 1.1 所示，BB1 为相邻两个 B 八面体间的键，BB2 为 B 八面体中相邻两个 B 原子间的键。这种独特的笼状构架决定了 RB_6 的热力学行为。B 与 B 之间形成共价键，有很强的结合力，这种稳固的共价键作用使得 RB_6 的热稳定性、化学稳定性、硬度及熔点都非常高[31-33]。在 RB_6 系列化合物中，有些稀土元素的价电子为 3，有些稀土元素的价电子为 2，而还有些 RB_6 中的稀土元素以二价和三价共存的形式存在。稀土元素与 B 元素间成键时参与的电子数为 2，因此三价稀土元素六硼化合物中的自由电子数多于混合价和二价稀土元素六硼化合物中的自由电子数，这对其导电性和光学性质等产生比较明显的影响。

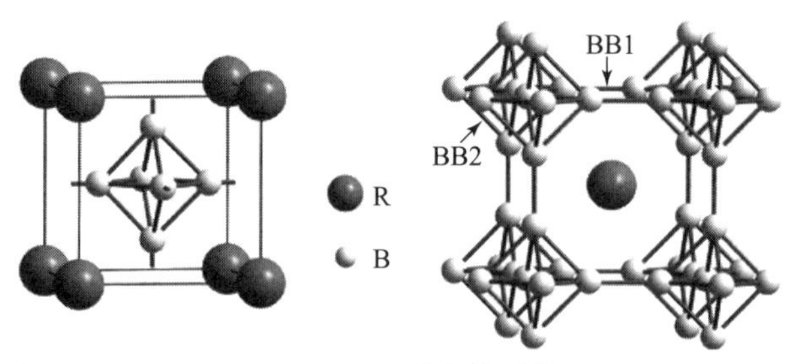

图 1.1 RB_6 的晶体结构

1.3 稀土六硼化物的电子结构

除了在军用及民用领域的广泛实际应用之外，RB_6 本身的物理内涵及奇特的性质同样引起了大量基础物理研究者的兴趣。众所周知，稀土元素有着独特的 f 电子层。在 f 电子化合物里，轨道角动量与自旋有着很强的自旋 – 轨道耦合作用，晶场效应也起着重要的作用。由于这些作用的同时存在，f 电子化合物有多种有趣的序态，如反铁电四极矩态（antiferroquadrupolar）等。研究发现抗磁性的 LaB_6 具有金属性质[34]，并且当温度下降到 0.45 K 时显示超导序[35]。对 LaB_6 单晶样品的德哈斯 – 范阿尔芬效应实验结果表明，LaB_6 的费米面由连在一起的几个近似椭圆体面构成，其大部分聚集在简约布里渊区的高对称点 X 上[36-38]。CeB_6 具有丰富的相结构，三价 Ce 离子的 $4f$ 电子与导带 $5d$ 电子的强相互作用，导致了 CeB_6 的近藤效应、重费米行为以及非寻常的磁相图[39-42]。很多研究者对 CeB_6 进行了输运性质[39,43-44]、磁性[41,43-44]、弹性[45-46]、比热[40,43,47]以及中子衍射[48-49]的测量。这些实验显示了 CeB_6 在零场下有两个磁转变温度，分别为 $T_N \approx 2.3$ K 和 $T_Q \approx 3.2$ K。CeB_6 在 19 K 时出现类近藤行为，并且高温下存在局域磁矩。当温度下降到 3.2 K 时顺磁态的 CeB_6（相Ⅰ）转变成反铁电四极矩态（相Ⅱ），而当温度低于 2.3 K 时变成常规的偶极反铁磁态（相Ⅲ）。随着磁场的加大，T_Q 上升而 T_N 下降[50]。Goodrich 等人的研究结果显示，加大外磁场直到破坏偶极和四极矩间的时间反演对称性时零场存在的相Ⅱ将变成磁有序态[51]。PrB_6 和 NdB_6 属于反铁磁金属，其磁性由通过传导电子相互作用的稀土离子局域磁矩决定。当温度下降到 $T_N \approx 6.9$ K 左右时 PrB_6 经历一个从顺磁态到反铁磁态的非公度相变[52]。此相源于长程 RKKY 交换作用，产生非共线磁结构[53-54]。比热、热膨胀、电阻及磁性测量表明 PrB_6 的又一个二级相变发生在 $T_Q \approx 4.2$ K 时[55-56]。Lazukov 等人对 PrB_6 进行了非弹性中子衍射的研究，发现 Γ_5 三重态是 PrB_6 顺磁相的基态[57]，7 K 时到磁有序相的转变导致 Γ_5 三重态的分裂，而

4 K 时的二次相变为基态分裂提供了一个额外的贡献。NdB_6 在 $T_N \approx 8$ K 以下显示 A 型共线反铁磁序[58]。NdB_6 里 Nd^{3+}（J = 9/2）的晶场基态是 $\Gamma_8^{(2)}$ 四重态[59-60]，并且 $\Gamma_8^{(2)}$ 基态里偶极矩的易轴方向沿〈111〉方向[61]。NdB_6 在低磁场下的磁晶各向异性可能来源于晶场效应和铁电四极矩效应间的竞争，各向异性能量远弱于各向同性的磁交换相互作用[62]。对 SmB_6 的大量研究结果表明，它是典型的混合价态化合物，在 50 K 左右有一个从金属到绝缘体的转变，符合由近藤行为带来的带隙打开[63-65]。在低温下（<5 K），SmB_6 的电阻趋于饱和，不像其他金属一样电阻上升。根据稍早些的研究结果，SmB_6 电子能谱显示它是一个带隙 $E_g \approx 19$ meV 的窄能带半导体，而此能隙被认为来源于窄能带里的 f 电子与宽能带里的 s、p、d 电子的杂化[66-67]。而根据 Dzero 等人的理论研究结果[68-72]，很多研究者认为 SmB_6 是展现拓扑表面性质的拓扑近藤绝缘体，从而 SmB_6 重新引起了研究者们极大的兴趣。Lu 等人从第一性原理出发，采用 LDA + Gutzwiller 方法研究了 SmB_6 的拓扑相，发现 SmB_6 是个强关联 3D 拓扑绝缘体，具有独特的受时间反演对称性保护的表面态，其（001）面上包含三个狄拉克锥[73]。此表面态又被输运性质及 ARPES（角分辨光电子能谱）实验所证实[74-77]。这种表面态在无磁扰动下仍然存在[78]，但是当磁性掺杂破坏时间反演对称性时不存在[79]。EuB_6 是个庞磁电阻强关联化合物，被认为是半金属，在低温下有个从半金属到金属、从顺磁态到铁磁态的相变[80-83]。很多实验表明其居里温度 T_c 对成分非常敏感。在 T_c 以上，EuB_6 展现庞磁电阻特性，而在 T_c 以下其电阻急剧下降，并显示铁磁性。早期的研究结果显示 EuB_6 的单晶样品仅在 $T_c \approx 13$ K 有个从顺磁态到铁磁态的相变[84-85]。而之后的比热、电阻、磁性等的测量结果显示 EuB_6 的单晶样品在 $T_{c_1} \approx 15$ K 和 $T_{c_2} \approx 12$ K 附近分别有两次铁磁相变[82-83,86]。Süllow 等人认为 EuB_6 的磁性可能主要起源于局域化的 Eu^{2+} 离子所拥有的有效磁矩（$\mu_{eff} \approx 7.9\mu_B$），15 K 左右发生的金属化是由于磁极子的叠加而导致的[83]。而 Semeno 等人的实验结果显示 EuB_6 的电子自旋共振与自旋极化子的相互作用或磁性相的分离并无多大关系，而仅仅反映 Eu^{2+} 的局域磁矩振荡[81]。

作为研究物质电子状态的重要手段之一，第一性原理计算被众多学者用于研究 RB_6 的电子态。早期，Hasegawa 和 Yanase 采用对称的非相对论自洽缀加平面波法，计算了 LaB_6 的费米面和能带，发现在布里渊区高对称点 Γ、M 之间有一条能带穿过费米能级[87]。Hossain 等人采用基于密度泛函理论的 CASTEP（Cambridge sequential total energy package）软件包计算了 LaB_6 的电子结构，并且得出在 LaB_6 晶体中共价键、离子键及金属键同时存在[88]。Kitamura 采用基于 muffin-tin 势近似的正交平面波（MOPW）方法，计算了 RB_6（R = La 到 Lu）系列材料的电子能带。Suvasini 等人采用全相对论自旋极化线性 muffin – tin 势（LMTO）方法研究了 CeB_6，发现自旋极化和自旋轨道耦合在费米面的计算中具有很重要的作用[89]。Langford 等人采用基于密度泛函理论的 LMTO – ASA（线性糕模轨道——原子球形近似）方法研究了顺磁态 LaB_6、CeB_6、PrB_6、NdB_6 和铁磁态 CeB_6、PrB_6 及 NdB_6 的电子结构，发现得到的 RB_6 费米面的相关结果与实验值符合，通过常规局域密度计算得到了较准确的重费米化合物的费米面[90]。Min 和 Jang 采用相同的方法研究了顺磁和反铁磁 NdB_6 的电子结构，发现 NdB_6 在顺磁状态下的电子结构与没有 $4f$ 电子的 LaB_6 类似，而 NdB_6 在反铁磁状态下的能带结构给其他顺磁体的能带交叠机制提供了很好的参考[91]。Massidda 等人基于局域密度近似，采用全势线性缀加平面波方（FLAPW）法研究了 EuB_6 的电子结构，发现导带与价带在布里渊区的高对称点 X 上交叠[92]。而 Kunes 和 Pickett 采用 LDA（local density approximation，局域密度近似）+ U 方法计算了 EuB_6 的电子结构，结果显示 EuB_6 的基态为半金属[93]。Antonov 等人在 LSDA（局域自旋密度近似）+ U 下采用全相对论 LMTO 方法研究了 SmB_6 的电子结构，发现其费米面附近被高度局域化的 $4f$ 态占据[94]。Kubo 等人采用局域密度近似下的 Korringa – Kohn – Rostoker（KKR）方法研究了顺磁和反铁磁 NdB_6 的能带结构，很好地解释了 dHvA 实验结果[95]。Ghosh 等人采用全势 LMTO 方法计算了 EuB_6 的磁光性质，指出自旋轨道耦合与强等离子共振能够解释实验上观察到的磁光克尔效应（MOKE）[96]。

从以上对前人工作的总结中可看出，RB_6 材料为新奇基础物理现象的研究提供了一个非常好的体系。

参考文献

[1] 闫鹏飞. 精细化学品化学［M］. 北京：化学工业出版社，2004.

[2] LAFFERTY J M. Boride cathodes［J］. Journal of applied physics, 1951, 22: 299 – 309.

[3] JHA M, PATRA R, GHOSH S, et al. Vertically aligned nanorods of lanthanum hexaboride with efficient field emission properties［J］. Solid state comunications, 2013, 153: 35 – 39.

[4] MANDRUS D, SALES B C, JIN R. Localized vibrational mode analysis of the resistivity and specific heat of LaB_6［J］. Physical review B, 2001, 64: 012302.

[5] NISHITANI R, AONO M, TANAKA T, et al. Surface states on the LaB_6（100）,（110）and（111）clean surfaces studied by angle – resolved UPS

[J]. Surface science, 1980, 95: 341 -358.

[6] FUTAMOTO M, NAKAZAWA M, KAWABE U. Thermionic emission properties of hexaborides [J]. Surface science, 1980, 100: 470 -480.

[7] ROKUTA E, YAMAMOTO N, HASEGAWA Y, et al. Deformation of boron networks at the LaB_6 (111) surface [J]. Surface science, 1998, 416: 363 -370.

[8] CHEN C H, AIZAWA T, IYI N, et al. Structural refinement and thermal expansion of hexaborides [J]. Jourhal of alloys and compounds, 2004, 366: L6 - L8.

[9] 张小琴，郝占忠，张海玲．稀土元素硼化物的研究进展 [J]．稀土，2013，34 (2)：74 -80.

[10] PADERNO V N, PADERNO Y B, PILYANKEVICH A N, et al. The Micro - mechanical properties of melted boride of rare earth metals [J]. Journal of the less - common metals, 1979, 67 (2) : 431 -436.

[11] ORDAN'YAN S S, PADERNO Y B, KHOROSHILOVA I K, et al. Interaction in the LaB_6 - HfB_2 system [J]. Soviet powder metallurgg & metal caramics, 1984, 23 (2): 157 -159.

[12] ORDAN'YAN S S, PADERNO Y B, KHOROSHILOVA I K, et al. Interaction in the LaB_6 - ZrB_2 system [J]. Soviet powder metallurgg & metal caramics, 1983, 22 (11): 946 -948.

[13] XU J, ZHAO Y, ZOU C. Self - catalyst growth of LaB_6 nanowires and nanotubes [J]. Chemical physics letters, 2006, 423 (1): 138 -142.

[14] ZHANG H, ZHANG Q, TANG J, et al. Single - crystalline LaB_6 nanowires [J]. Journal of the American Chemical Society, 2005, 127 (9): 2862 -2863.

[15] ZHANG H, ZHANG Q, TANG J, et al. Single - crystalline CeB_6 nanowires [J]. Journal of the American Chemical Society, 2005, 127 (22): 8002 -8003.

[16] ZHANG H, ZHANG Q, ZHAO G P, et al. Single - crystalline GdB_6 nanowire field emitters [J]. Journal of the American Chemical Society, 2005, 127 (38): 13120 -13121.

[17] XU J, CHEN X, ZHAO Y, et al. Single - crystalline PrB_6 nanowires and their field - emission properties [J]. Nanotechnology, 2007, 18 (11): 4473 -4476.

[18] XU J, CHEN X, ZHAO Y, et al. Self - catalyst growth of EuB_6 nanowires and nanotubes [J]. Journal of crystal growth, 2007, 303 (2): 466 -471.

[19] 郑树起，闵冠辉，于化顺，等．LaB_6功能陶瓷材料的研究现状 [J]．材

料导报，2000，14（3）：50－51.
[20] 郑树起，闵光辉，邹增大，等．硼热还原法制备 LaB_6 粉末［J］．硅酸盐学报，2001，29（2）：128－131.
[21] 郑树起，闵冠辉，邹增大，等．$La_2O_3-B_4C$ 系反应合成 LaB_6 粉末［J］．金属学报，2001，37（4）：419－422.
[22] 苏玉长，张鹏飞，肖立华，等．微波固相合成纳米 LaB_6 的组织结构及其透光特性［J］．中南大学学报（自然科学版），2011，42（10）：3015－3019.
[23] 张宁，张久兴，包黎红，等．悬浮区域熔炼法制备 REB_6（LaB_6，CeB_6）单晶体及其表征［J］．功能材料，2012，43（2）：178－180.
[24] 周身林．放电等离子烧结（SPS）技术制备 LaB_6 多晶纳米块体阴极材料的研究［D］．北京：北京工业大学，2007.
[25] 高瑞兰，于化顺，于普涟，等．LaB_6 多晶材料的制备工艺研究［J］．山东大学学报（工业版），2002，32（6）：593－596.
[26] 张廷安，豆志河，杨欢．自蔓延高温合成 LaB_6 微粉的制备及表征［J］．东北大学学报（自然科学版），2005，26（1）：271－273.
[27] 张茂峰．稀土氟化物和硼化物纳米材料的合成、表征及性能研究［D］．合肥：中国科技大学，2008.
[28] 赵晓华．单晶硅基 LaB_6 薄膜的磁控溅射制备工艺及生长机制［D］．济南：山东大学，2011.
[29] ALLARD G，X－ray Study of some borides［J］．Bulletin de La Societe Chimique de France，1932，51：1213－1215.
[30] STACKELBERG M，NEUMAN F.，Grystal structure of borides of composition MB6［J］．Zeitschrisf fur physikalische chemie，1932，B19：314－320.
[31] TAKEDA M，FUKUDA T，KURITA Y．Thermoelectric properties of divalent hexaborides［C］//22nd International Conference on Thermoelectric，2003，179（9）：2823－2826.
[32] TANAKA T，NISHITANI R，OSHIMA C，et al．The preparation and properties of CeB_6，SmB_6，and GdB_6［J］．Journal of applied physics，1980，51（7）：3877－3880.
[33] ETOURNEAU J，HAGENMULLER P．Structure and physical features of the rare－earth borides［J］．Philosophical magazine B，1985，52（3）：589－610.
[34] LIPSCOMB W N，BRITTON D．Valence structure of higher borides［J］．The Journal of chemical physics，1960，33（1）：275－280.

[35] VANDENBERG J M, MATTHIAS B T, CORENZWIT E, et al. Superconductivity of some binary and ternary transition metal borides [J]. Materias research bullelin, 1975, 10 (9): 889 - 894.
[36] ISHIZAWA Y, TANAKA T, BANNAI E, et al. De Haas - van Alphen effect and Fermi surface of LaB_6 [J]. Journal of the Physical Society of Japan, 1977, 42 (1): 112 - 118.
[37] ISHIZAWA Y, NOZAKI H, TANAKA T, et al. Low - field de Haas - van Alphen effect in LaB_6 [J]. Journal of the Physical Society of Japan, 1980, 48 (5): 1439 - 1442.
[38] ARKO A J, CRABTREE G, KARIM D, et al. De Haas - van Alphen effect and the Fermi surface of LaB_6 [J]. Physical review B, 1977, 13: 5240 - 5247.
[39] TAKASE A, KOJIMA K, KOMATSUBARA T, et al. Electrical resistivity and magnetoresistance of CeB_6 [J]. Solid state communications, 1980, 36 (5): 461 - 464.
[40] FUJITA T, SUZUKI M, KOMATSUBARA T, et al. Anomalous specific heat of CeB_6 [J]. Solid state communications, 1980, 35 (7): 569 - 572.
[41] DEMISHEV S V, SEMENO A V, BOGACHA A V, et al. Antiferro - quadrupole resonance in CeB_6 [J]. Physica B - condensed matter, 2005, 378: 602 - 603.
[42] SLUCHANKO N E, BOGACH A V, GLUSHKOV V V, et al. Magnetic anisotropy in the AFM and SDW phases of CeB_6 [J]. Journal of physics: conference series, 2010, 200: 012189.
[43] KOMATSUBARA T, SUZUKI T, KAWAKAMI M, et al. Magnetic and electronic properties of CeB_6 [J]. Journal of magnetism and magnetic materials, 1980, 15 - 18: 963 - 964.
[44] KOMATSUBARA T, SATO N, KUNII S, et al. Dense Kondo behavior in CeB_6 and its alloys [J]. Journal of magnetism and magnetic materials, 1983, 31 - 34: 368 - 372.
[45] GOTO T, SUZUKI T, OHE Y, et al. Observation of acoustic de Haas - van Alphen effect in heavy electron compound CeB_6 [J]. Journal of the Physical Society of Japan, 1988, 57 (9): 2885 - 2888.
[46] GOTO T, SUZUKI T, OHE Y, et al. Magneto - acoustic effects of heavy electron and valence fluctuation compounds [J]. Journal of magnetism and magnetic materials, 1988, 76 - 77: 305 - 311.

[47] LEE K N, BELL B. Exchange interactions and fluctuations in CeB_6 [J]. Physical review B, 1972, 6: 1032.

[48] KASUYA T [M] // WACHTER P, BOPPARD H. Valence instabilities. Amsterdam: North – Holland, 1982: 215 – 223.

[49] EFFATIN J M, BURLET P, ROSSAT – MIGNOD J, et al. [M] // WACHER P. Valence instabilities. Amsterdam: North – Holland, 1982: 559.

[50] HALL D, FISK Z, GOODRICH R G. Magnetic – field dependence of the paramagnetic to the high – temperature magnetically ordered phase transition in CeB_6 [J]. Physical review B, 2000, 62: 84 – 86.

[51] GOODRICH R G, YOUNG D P, HALL D, et al. Extension of the temperature – magnetic field phase diagram of CeB_6 [J]. Physical review B, 2004, 69: 054415 (1 – 4).

[52] LEE K N, BACHMANN R, GEBALLE T H, et al. Magnetic Ordering in PrB_6 [J]. Physical review B, 1970, 2: 4580 – 4585.

[53] KURAMOTO Y, KUBO K. Interpocket polarization model for magnetic structures in rare – earth hexaborides [J]. Journal of the Physical Society of Japan, 2002, 71: 2633 – 2636.

[54] SERA M, GOTO S, KOSHIKAWA T, et al. Rapid suppression of the commensurate magnetic ordered phase of PrB_6 by La doping [J]. Journal of the Phystcal Society of Japan, 2005, 74: 2691 – 2694.

[55] MCCARTHY C M, TOMPSON C W, GRAVES R J, et al. Low temperature phase transitions and magnetic structure of PrB_6 [J]. Solid state communications, 1980, 36 (10): 861 – 868.

[56] KOBAYASHI S, SERA M, HIROI M, et al. Anisotropic magnetic phase diagram of PrB_6 dominated by the O_{xy} antiferro – quadrupolar interaction [J]. Journal of the Physical Society of Japan, 2001, 70: 1721 – 1730.

[57] LAZUKOV V N, NEFEODOVA E V, TIDEN N N, et al. Temperature evolution of Pr – ion magnetic response in PrB_6 [J]. Journal of alloys and compounds. , 2007, 442: 180 – 182.

[58] MCCARTHY C M, TOMPSON C W. Magnetic structure of NdB_6 [J]. Journal of physics and chemistry of solids, 1980, 41: 1319 – 1321.

[59] LOEWENHAUPT M, PRAGER M. Crystal fields in PrB_6 and NdB_6 [J]. Zeitschrift fur physik B, 1986, 62: 195 – 199.

[60] POFAHL G, ZIRNGIEBL E, BLUMENRÖDER S, et al. Crystalline – electric – field level scheme of NdB_6 [J]. Zeitschrift fur physik B, 1987,

66: 339 - 343.

[61] UIMIN G, BRENIG W. Crystal field, magnetic anisotropy, and excitations in rare - earth hexaborides [J]. Physical review B, 2002, 61: 60 - 63.

[62] STANKIEWICZ J, NAKATSUJI S, FISK Z. Magnetotransport in NdB_6 single crystals [J]. Physical review B, 2005, 71: 134426.

[63] GABÁNI S, FLACHBART K, PAVLÍK V, et al. Magnetic properties of SmB_6 and $Sm_{1-x}La_xB_6$, solid solutions [J]. Czechoslovak journal of physics, 2002, 52: A225 - A228.

[64] ALLEN J, BATLOGG B, WACHTER P. Large low temperature Hall effect and resistivity in mixed valent SmB_6 [J]. Physical review B, 1979, 20: 4807 - 4813.

[65] COOLEY J, ARONSON M, FISK Z, et al. SmB_6: Kondo insulator or exotic metal? [J]. Physical review letters, 1995, 74: 1629.

[66] SLUCHANKO N E, GLUSHKOV V V, GORSHUNOV B P, et al. Intragap states in SmB_6 [J]. Physical review B: condensed matter, 2000, 61: 9906 - 9909.

[67] COOLEY J C, ARONSON M C, LACERDA A, et al. High magnetic fields and the correlation gap in SmB_6 [J]. Physical review B: condensed matter, 1995, 52: 7322 - 7327.

[68] DZERO M, SUN K, GALITSKI V, et al. Topological kondo insulators [J]. Physical review letters, 2010, 104: 106408 (1 - 4).

[69] DZERO M, SUN K, COLEMAN P, et al. A theory of topological insulators [J]. Physical review B, 2012, 85: 045130 (1 - 10).

[70] FU L, KANE C L, MELE E J. Topological insulators in three dimensions [J]. Physical review letters, 2007, 98: 106803 (1 - 4).

[71] MOORE J E, BALENTS L. Topological invariants of time reversal invariant band structures [J]. Physical review B, 2007, 75: 121306 (R).

[72] ROY R. Topological phases and the quantum spin Hall effect in three dimensions [J]. Physical review B, 2009, 79: 195322.

[73] LU F, ZHAO J Z, WENG H M, et al. Correlated topological insulators with mixed valence [J]. Physical review letters, 2013, 110: 096401.

[74] KIM D J, THOMAS S, GRANT T, et al. Surface Hall Effect and Nonlocal Trans port in sin B: Evidence for surfal Conduction [J]. Scientific reports, 2013, 3: 3150.

[75] WOLGAST S, KURDAK C, SUN K, et al. Low - temperature surface con-

duction in the Kondo insulator SmB_6 [J]. Physical review B, 2013, 88: 180405 (R).

[76] NEUPANE M, ALIDOUST N, XU S Y, et al. Surface electronic structure of the topological Kondo – insulator candidate correlated electron system SmB_6 [J]. Nature Communications, 2013, 4: 2991 (1 – 7).

[77] XU N, SHI X, BISWAS P K, et al. Surface and bulk electronic structure of the strongly correlated system SmB_6 and implications for a topological Kondo insulator [J]. Physical review B, 2013, 88: 121102 (1 – 5).

[78] SYERS P, KIM D, FUHRER M S, et al. Tuning bulk and surface conduction in the proposed topological Kondo insulator SmB_6 [J]. Physical. Review. Letters., 2015, 114: 096601 (1 – 5).

[79] KIM D J, XIA J, FISK Z. Topological surface state in the Kondo insulator samarium hexaboride [J]. Nature materials, 2014, 13: 466 – 470.

[80] PASCHEN S, PUSHIN D, SCHLATTER M, et al. Electronic transport in $Eu_{1-x}Ca_xB_6$ [J]. Physical review B, 2000, 61 (6): 4174 – 4180.

[81] SEMENO A V, GLUSHKOV V V, BOGACH A V, et al. Electron spin resonance in EuB_6 [J]. Physical review B, 2009, 79: 014423 (1 – 9).

[82] SÜLLOW S, PRASAD I, ARONSON M C, et al. Structure and magnetic order of EuB_6 [J]. Physical review B, 1998, 57: 5860 – 5869.

[83] SÜLLOW S, PRASAD I, ARONSON M C, et al. Metallization and magnetic order in EuB_6 [J]. Physical review B, 2000, 62: 11626 – 11632.

[84] KASUYA T, TAKEGAHARA K, KASAYA M, et al. Transport electronic structure of EuB_6, transport and magnetic properties [J]. Le Journal De Physique Colloques, 1980, 41: C5 – 161 – C5 – 170.

[85] FISK Z, JOHNSTON D C, CORNUT B, et al. Magnetic, transport, and thermal properties of ferromagnetic EuB_6 [J]. Journal of applied physics, 1979, 50: 1911 – 1913.

[86] DEGIORGI L, FELDER E, OTT H R, et al. Low – temperature anomalies and ferromagnetism of EuB_6 [J]. Physical review letters, 1997, 79: 5134 – 5137.

[87] HASEGAWA A, YANASE A. Energy band structure and Fermi surface of LaB_6 by a self – consistent APW method [J]. Journal of physics F: metal physics, 1977, 7: 1245 – 1259.

[88] HOSSAIN F M, RILEY D P, MURCH G E. Ab initio calculations of the electronic structure and bonding characteristics of LaB_6 [J]. Physical review B,

2005，72：235101（1－5）.

[89] SUVASINI M B，GUO G Y，TEMMERMAN W M，et al. The Fermi surface of CeB_6［J］. Journal of physics：condensed matter，1996，8：7105－7125.

[90] LANGFORD H D，TEMMERMAN W M，GEHRINGT G A. Enhancements and Fermi surfaces of rare－earth hexaborides［J］. Journal of physics：condensed matter，1990，2：559－575.

[91] MIN B I，JANG Y R. Band folding and Fermi surface in antiferromagnetic NdB_6［J］. Physical review B，1991，44：13270－13276.

[92] MASSIDDA S，CONTINENZA A，DE PASCALE T M，et al. Electronic structure of divalent hexaborides［J］. Zeitschrift fur physik B，1997，102：83－89.

[93] KUNES J，PICKETT W E. Kondo and anti－Kondo coupling to local moments in EuB_6［J］. Physical review B，2004，69：165111（1－9）.

[94] ANTONOV V N，HARMON B N，YARESKO A N. Electronic structure of mixed－valence semiconductors in the LSDA＋U approximation II. SmB_6 and YbB_{12}［J］. Physical review B，2002，66：165209（1－9）.

[95] KUBO Y，ASANO S，HARIMA H，et al. Electronic structure and the Fermi surfaces of antiferromagnetic NdB_6［J］. Journal of the Physical Society of Japan，1993，62：205－214.

[96] GHOSH D B，DE M，DE S K. Magneto－optical properties of europium hexaboride［J］. Physics. arXiv：cond－mat/0406706.

第 2 章

纳米材料概述

2.1　纳米材料的概念及发展史

20 世纪 90 年代以来，纳米科学和技术以及纳米材料和结构成为全世界材料、物理、化学、生物，甚至是信息、能源、环境等多学科多领域的研究热点。包括我国在内的很多国家都制订了相应的国家纳米技术创新计划，认为纳米技术将会引导下一次工业革命。纳米材料的研究领域非常宽广，从原子团簇到大块体材料，包括金属材料、无机非金属材料、有机材料及陶瓷材料等。由于纳米材料的尺度特别小，因此在光、电、磁、力和化学性质等方面会表现出与常规块体材料不一样的奇特性质。纳米材料的创新以及诱发的新技术将对形成新的产业及改造传统产业注入高科技含量提供新的机遇，从而改变经济产业的布局，对社会发展、经济振兴及国力增强有重要的作用。RB_6 体材料具有优异的物理性质以及丰富的物理内涵，而近些年人们发现纳米颗粒的 LaB_6 可以当作隔热材料后，纳米晶 RB_6 的制备方法及性质等开始受到关注[1]。在本章，首先简单介绍纳米材料的基本概念。

纳米是英文 nanometer 的译音，简写为 nm，是一个度量单位。纳米材料是指某一种材料在一维或二维方向上尺度在纳米范围内的材料，其尺度大概是几十个原子到几百个原子的排列。1959 年，美国著名物理学家、诺贝尔奖获得者理查德 · 费曼在演说中讲道，操纵和控制原子尺度上的物质，缩小器件尺寸，制造产品，这是关于纳米科技最早的概念想法。他认为，如果我们能按意愿操纵一个个原子，那么将会得到非常奇特的现象。20 世纪 80 年代，扫描隧道显微镜和原子力显微镜的出现与应用促进了纳米科技的诞生。1984 年，德国物理学家格莱特等人制得了纳米 Fe、Cu、Pd 等金属粉末，并压制得到纳米固体，使纳米材料进入新的阶段。1991 年，日本科学家成功地合成出了碳纳米管。进入 21 世纪以后，全球纳米科技的研发投入已经超过上百亿美元[2]。

2.2　纳米材料的特性

当物质颗粒尺寸达到纳米级时，其本身的很多固有特性发生质的变化，称为纳米效应。其具体有如下几种情况[3]。

1. 体积效应

体积效应，也就是通常说的小尺寸效应，即材料的尺寸缩小到某一范围后其宏观物理或化学性质发生变化。纳米材料的尺寸与其性质有着密切的关系，在熔点、磁性、热阻、电学性能、光学性能、化学活性等方面会呈现出与大尺寸材料明显不同的特性。体积效应的主要影响有材料的强度与硬度提高、电阻升高、磁有序向磁无序的转变、超导相向正常相的转变等。

2. 表面效应

当材料的颗粒尺寸变小时，材料的表面原子数急剧增大而总原子数不变，这会使材料的性质发生改变，这就是表面效应。当纳米材料的表面原子数增多后会出现表面上的原子配位数不够的情况，这样表面能就变高，易与其他原子相结合，化学活性也随之提高。表面效应的影响主要有纳米材料的稳定性降低、表面化学反应活性增强、催化活性增强、熔点降低、磁质的居里温度降低、陶瓷材料烧结温度降低、介电材料呈现高介电常数、纳米材料出现超塑性和超延展性等。

3. 量子尺寸效应

纳米材料的量子尺寸效应是指当颗粒尺寸减小到某一值时费米面附近准连续分布的电子能级变成分立能级的现象。由于材料的电子能级分立变宽，电子跃迁所需能量增加，因此光吸收谱发生蓝移，人们所能观察到的材料颜色会发生改变。其主要影响有导体转变成绝缘体、光吸收谱发生蓝移、纳米颗粒发光等。

4. 宏观量子隧道效应

如果一个微观粒子能够贯穿势垒，那么称这种现象为隧道效应。而纳米材料中的粒子能贯穿势垒，因此纳米材料具有隧道效应。例如纳米颗粒的磁化强度就具有隧道效应。当铁磁粒子尺寸达到纳米级时，铁磁性转变为顺磁或软磁性，对应的磁化强度显著变小。

2.3　纳米材料的分类

根据分类标准的不同，纳米材料可以有多种不同的分类[4-33]。根据用途的不同，其可以分为电学纳米材料、光学纳米材料、感光纳米材料等；根据物理性质的不同，其可以分为磁性纳米材料、导体纳米材料、半导体纳米材料和超硬纳米材料等；根据所展现的物理效应的不同，其可以分为热电纳米材料、铁电纳米材料、压电纳米材料、电光纳米材料、激光纳米材料、非线性纳米材料和声光纳米材料等；根据成分的不同，其可以分为有机纳米材料、无机纳米材料、有机无机复合纳米材料、无机复合纳米材料和生物纳米材料等；根据成键方式的不同，其可以分为离子导体纳米材料、金属纳米材料以及陶瓷纳米材料等。而随着纳米材料技术的不断向前发展，相信其种类也会不断拓宽及丰富。

2.4 纳米材料的主要制备方法

纳米材料的制备合成技术是纳米科学发展的前提。这些年人们通过多种不同的方法合成出了各种各样的纳米材料，纳米材料的制备合成方法得到了长足的发展。虽然人们发展了多种方法，但是各种方法都有其自身的优缺点，因此选取合适的制备方法是很重要的。目前纳米材料的主要制备方法如下[34]。

1. 气相法

（1）PVD（物理气相沉积）法：利用固体材料的蒸发和蒸发蒸气的冷凝和沉积。PVD 法可制备出高质量的纳米粉体。

（2）CVD（化学气相沉积）法：两种气态原材料在高温衬底附近产生化学反应，沉积到衬底表面形成固体。

2. 液相法

（1）沉淀法：液相制备时先将所需材料加入溶液中进行反应，再将沉淀物进行热处理得到纳米材料。沉淀法是以沉淀反应为基础。

（2）微乳液法：微乳液法是指在表面活性剂作用下，彼此不相溶的两种材料形成乳液，经过形核及团聚，再热处理后得到纳米粒子的方法。微乳液法是制备单分散纳米粒子的重要方法。

（3）溶胶－凝胶法：将液相高化学活性化合物或金属醇盐溶于溶剂中进行水解、缩合化学反应，形成稳定的溶胶，溶胶经陈化后得到凝胶，再经过烧结固化得到纳米材料。溶胶－凝胶法是制备纳米材料的重要手段。

（4）电解沉积法：又称电化学沉积法，指金属或合金化合物的溶液会在电场作用下阴极表面沉积出纳米尺寸的材料。这种方法成本低、效率高，不受试样尺寸和形状的限制。

3. 固相法

（1）机械合金化法：就是用机械将试样粉碎研磨并且合金化的方法。这种方法制备的纳米晶材料一般是多组元材料。

（2）固相反应法：是指固相物质与固相物质在热能等外界条件的作用下发生反应，通过原子或离子的扩散运输而生成新的纳米材料的方法。本书中采用固相反应法制备了 RB_6 纳米晶材料。

（3）大塑性变形法：此法采用压力扭转或等通道角挤压的方式使试样发生剪切变形，从而制得纳米晶体样品。

（4）非晶晶化法：是指通过适当的退火等方法，对非晶态材料进行晶化处理，控制非晶中的晶体生长，在非晶中得到尺寸在纳米范围内的部分或完全的晶体相。

（5）表面纳米化法：用物理化学方法，对材料的表面晶粒进行细化，得到纳米量级结构的表面层的方法。

2.5　纳米材料的发展前景

经过几十年对纳米技术的探索研究，纳米材料及技术有了飞跃式的发展，在环境能源、航空航天、生物医疗、微电子、国防科技等众多领域发挥着重要的作用。可以预测，纳米材料在未来的多个技术领域都将展现巨大的应用潜力。

纳米材料的强度一般与其晶粒大小成反比，因此高硬度、高强度、高韧性的结构材料是纳米材料的重要发展方向之一。如把 TiO_2 陶瓷材料的晶粒尺寸控制在 50 nm 以下，则它会展现出高韧性、高硬度、低温超塑性、更容易加工的特点，在发动机、轴承、刀具等诸多领域有广阔的应用前景；美国研究人员将 Al_2O_3 陶瓷晶粒做到 100 nm 左右，这种材料的强度达到 $2.4\ GNm^{-2}$，在航空设备、高效率汽轮机、汽车等部件上有广泛的应用。

纳米电子学是纳米材料的一个重要分支，人们利用它已开发出各种各样的纳米器件。日本日立公司成功研制出单电子晶体管，可以对单个电子的运动进行控制从而实现特定功能；同样来自日本的 NEC（日本电气股份有限公司）研究所已经可以制作尺度在 100 nm 以下的精细量子线结构，在砷化镓衬底上制作成功了具有开关功能的量子点阵列；美国研究人员已成功制作出由激光驱动的开关特性纳米器件，其尺寸只有 4 nm，开关速度非常快；威斯康星大学研究人员成功制作出可容纳单个电子的量子点，利用此类量子点可开发耗能少、体积小的单电子器件，在光电子以及微电子领域将有广泛的应用前景。

纳米材料在医学领域也发挥着越来越重要的作用。如钨青铜、氧化钒、稀土六硼化物等材料的纳米颗粒对近红外光有强烈的吸收，因此具有很好的光热治疗功能，把此类纳米颗粒敷在动物体上，展现出明显的杀死癌细胞的现象；当微粒尺寸降到 10 nm 左右时已比红细胞还小，因此可以在人体血管血液中自如地流动，能到达人体各个部位，由此可帮助检测和诊断疾病，这为医学和生物学提供了一个研究途径。科学家们基于超微粒的这种特性，正在酝酿一次医学革命。他们在尝试制造一种分子机器人，可以在人体血液中循环流动，对各部位的疾病进行特殊治疗，疏通血栓，清除脂肪沉积物，甚至可以杀死癌细胞、吞噬病毒。

纳米材料在环境保护、污水处理、治理毒气等方面也大展拳脚。例如典型的光催化剂 TiO_2 的纳米颗粒可以降解空气中的有害有机物、海洋中的石油污染物和城市生活垃圾，还有除臭以及自清洁的效用。土壤有机毒物分解也是此类光催化材料在土壤污染治理中的重点研究方向。

除此之外，纳米材料独有的发射、吸收和非线性等光学特性，使其在未来人类生活中扮演重要角色。如纳米 SiO_2 材料具有光传输中低损耗的特性，因此可以大大提高光传导的效率；纳米材料优异的光学性能使其在光存储等方面将有很好的应用前景；纳米材料的电、磁等独特性质在现代工业中也有广泛的应用，如巨纳米磁阻材料可作为下一代信息存储读写磁头材料，而纳米软磁性材料可用作高频率转换器和磁头。

对人类社会来说，纳米材料既是难得的机会，也是严峻的挑战，我们应不断加强对纳米材料的基础研究以及应用研究，为人类社会因纳米材料及技术发展而产生的重大变革的到来做好准备。

2.6 纳米晶稀土六硼化物

根据前面对纳米材料的介绍可知，当尺寸减小到纳米尺度时，材料会表现出与块体材料完全不同的物理特性，对 RB_6 来说同样如此。人们对 RB_6 纳米材料的研究首先从其光学性质说起。光学性质在材料科学研究中起着非常重要的作用，从光学性质的研究里能够得到材料的电子结构等信息，因此研究者们对 RB_6 的光学性质进行了大量的研究。Kauer 较准确地测量了 200 ~ 20 000 nm 波长范围内的 LaB_6 反射谱，反射率最小值出现在 600 nm 左右，在红外和远红外区的反射率高达 80% 以上[35]，这与其他人得到的反射率最小值出现在 2.1 eV（590 nm）非常接近[36-37]。Peschmann 等测量了不同厚度的 LaB_6 薄膜，也得到了相同的结果[38]。Shelykh 等人在 300 K 下测量了单晶 LaB_6、EuB_6 和 SmB_6 在 0.05 ~ 40 eV 范围的反射谱，发现它们的最小反射率分别出现在 2.1 eV，0.4 eV 和 1.8 eV 处[39]。Heide 等人用椭圆偏振仪测量了 LaB_6 和 CeB_6 的光学常数，结果显示它们的等离子能量非常接近，在 2.0 eV

附近[40]。Kimura 等人对 RB_6（R = La、Ce、Pr、Nd、Sm、Eu、Gd、Tb、Dy、Ho、Yb 及 Y）的光学性质做了系统的研究[41-43]。他们在 300 K 下 1 meV 到 40 eV 的能量范围内测量了 RB_6 单晶样品的反射谱，再由 Kramers – Kronig 转换关系得到了光电导、能量损失谱等其他光学性质。其研究结果表明光电导谱的主峰来源于 B 的 $2p$、$2s$ 态电子和稀土原子 $5d$ 态电子的带间跃迁，同时观察到了稀土离子的 $4f$ 态和 $5p$ 态到 $5d(t_{2g})$ 态的原子间的跃迁。从其反射谱上可以看到三价稀土硼化物及混合价态 SmB_6 在 2 eV 附近有个急剧下降的等离子边，而 EuB_6 和 YbB_6 的等离子边出现在更低能量处。

进入 21 世纪，纳米颗粒 RB_6 的光学性能成了另一个研究热点。2003 年，澳大利亚学者 Schelm 和 Smith 发现纳米颗粒的 LaB_6 具有非常好的透明隔热性能，至此人们把目光从 RB_6 的体材料转向 RB_6 纳米晶材料。他们将纳米颗粒的 LaB_6 均匀分散在 PVB 中做成薄膜（d = 0.8 mm），夹在两个透明 PPG 玻璃片（d = 2.3 mm）中间，用紫外可见分光光度计测试了其光学性质，发现掺杂量 0.03% 的样品在可见光区有高达 60% 的透过率，而在近红外区有强烈的吸收，样品展现出很好的隔热效应[44]。之后又将不同比例的 LaB_6 与 ITO 或 ATO（氧化锡锑）的混合物均匀添加在 PVB 中，压制成 0.76 mm 的薄膜，夹在透明 PPG 玻璃片中间测试性能，发现样品在可见光区的透过率和对太阳光热辐射的阻隔率都分别达到了 70% 左右[45-46]。美国的 Fisher 等人申请了关于 LaB_6 的一个发明专利，将 LaB_6 与 ITO 或 ATO 的混合物加进聚乙烯醇缩丁醛中进行隔热效应的研究，发现含有 LaB_6 的样品比不含 LaB_6 的样品隔热效果好很多，其原因是 ITO 和 ATO 阻挡红外光里波长较长的部分，而 LaB_6 能阻挡红外光里波长较短的那部分[47]。而 Fujita 和 Adachi 申请的专利中利用成本低廉的简单工艺将一系列的 RB_6 粉末均匀添加进热塑性树脂中制成了具有阻挡太阳光中部分热辐射功能的材料[48]。相比于之前的氧化铟锡和氧化锑锡等隔热材料，得到相同的屏蔽效果时所用的量不到 1/30。当 1 mm 厚度的透明树脂薄膜的 LaB_6 含量为 0.01 wt% 时其可见光透过率高达 77.7%，而阳光总透过率为 59%，得到了比较不错的隔热效果。当树脂为聚碳酸酯时，其可见光透过率达到了 82.3%，但阳光总透过率也达到了 63%。Takeda 等人将球磨机粉碎的 RB_6（R = La，Ce，Pr，Nd，Gd）纳米颗粒分散在丙烯酸中，然后均匀涂覆在 PET（聚对苯二甲酸乙二醇酯）片上，测试了其光学性能，结果表明 LaB_6 在近红外区的吸收比其他几个更强，并且 LaB_6 的颗粒大小在 20 nm 左右时可见光的透过率最大[49]。Adachi 等人制备相同的样品，更为详细地研究了 LaB_6 颗粒大小对光学性能的影响[50]。其实验结果显示，刚开始随着颗粒度的减小，LaB_6 在近红外区的吸收在增强，但颗粒度减小到 100 nm 以下时吸收开始变弱。然而，他们用米散射理论计算出的结果显示 LaB_6 在近红外区的吸收一直随着颗粒度的减小而增强。他们认为实验与理论的差别可能源于 LaB_6 纳米颗粒的表面被氧化。Yuan 等人将 50～400 nm 尺度的 LaB_6 颗粒添加到聚甲基丙烯酸甲酯（PMMA）中测试了其光学性能，发现颗粒大小为 70 nm 左右时显示比较好的隔热性能[51]。Sato 等人用高分辨率电子能量损失谱（HR－EELS）研究了 LaB_6 单晶以及纳米颗粒的介电和等离子体行为[52]。其结果显示，LaB_6 单晶的 EELS（电子能量损失谱）在 2.0 eV 处出现了峰，此峰来源于载流子的体等离子激发。而 LaB_6 纳米颗粒的 EELS 峰出现在 1.1～1.4 eV 处（依赖于基底的介电环境），被认为起源于等离子体的偶极子振荡模式。Xiao等人用第一性原理计算了 LaB_6 的光学性质，结果显示能量损失谱里的等离子体峰出现在2.0 eV 处，与之前的实验结果吻合，并且认为 LaB_6 的可见光高透过及近红外强吸收来源于它的等离子振荡及体等离子[53]。经过这些年的研究，人们对 RB_6 光学性质的掌握及理解有了长足的进步。

参考文献

[1] CHEN C J, CHEN D H. Preparation of LaB_6 nanoparticles as a novel and effective near－infrared photothermal conversion material [J]. Chemical engineering journal, 2012, 180: 337－342.

[2] 卫英慧，韩培德，杨晓华．纳米材料概论 [M]. 北京：化学工业出版社，2009.

[3] 黄开金．纳米材料的制备及应用 [M]. 北京：冶金工业出版社，2009.

[4] FIEVET F, FIEVET－VINCENT F, LAGIER J P, et al. Controlled nucleation and growth of micrometre－size copper particles prepared by the polyol process [J]. Journal of materials chemistry, 1993, 9: 627.

[5] FIEVET F, LAGIER J P, FIGLARZ M. Preparing monodisperse metal powders in micrometer and submicrometer sizes by the polyol process [J]. MRS Bull, 1989, 14: 29－40.

[6] SANGUESA C D, URBINA R H, FIGLARZ M. Fine palladium powders of uniform particle size and shape produced in ethylene glycol [J]. Solid State Lonics, 1993, 63－65: 25－30.

[7] SANGUESA C D, URBINA R H, FIGLARZ M. Synthesis and characterization of fine and monodisperse silver particles of uniform shape [J]. Journal of solid state chemistry, 1992, 100: 272－280.

[8] DVOLAITZKY M, OBER R, TAUPIN C, et al. Silver chloride microcrystals suspensions in microemulsion media [J]. Journal of dispersion science and

technology, 1983, 4: 29 –45.
[9] KANDORI K, KON – NO K, KITAHARA A. Formation of ionic water/oil microemulsions and their application in the preparation of $CaCO_3$ particles [J]. Journal of colloid and interface science, 1998, 122: 78 –82.
[10] HU J Q, LU Q Y, TANG K B, et al. Synthesis and characterization of SiC nanowires through a reduction – carburization route [J]. Journal of the American Chemical Society, 2000, 104: 5251 –5254.
[11] HONG B H, BAE S C, LEE C W, et al. Ultrathin single – crystalline silver nanowire arrays formed in an ambient solution phase [J]. Science, 2001, 294: 348 –351.
[12] 钱逸泰，傅佩珍，曹光旱，等. 氢氩混合气还原复合氧化物制备合金微粉 [J]. 金属学报, 1991, 27: B446 – B447.
[13] 刘允萍，张曼维，钱逸泰，等. 辐射化学合成纳米材料的研究进展和展望 [J]. 辐射研究与辐射工艺学报, 1997, 15: 193 –200.
[14] XIE Y, QIAN Y T, WANG Y Z, et al. A benzene – thermal synthetic route to nanocrystalline GaN [J]. Science, 1996, 272: 1926 –1927.
[15] XIE Y, LU J, YAN P, et al. Solvothermal coordination – reduction route to γ – NiSb nanocrystals at low temperature [J]. Journal of solid state chemistry, 2000, 155: 42 –45.
[16] HUANG J X, XIE Y, LI B, et al. In – situ source – template – interface reaction route to semiconductor CdS submicrometer hollow spheres [J]. Advanced materials, 2000, 12: 808 –811.
[17] ZHU Y C, ZHENG H G, YANG Q, et al. Growth of dendritic cobalt nanocrystals at room temperature [J]. Journal of crystal growth, 2004, 260: 427 –434.
[18] YANG Q, TANG K B, WANG C R, et al. Wet synthesis and characterization of MSe (M = Cd, Hg) nanocrystallites at room temperature [J]. Journal of materials research, 2002, 17: 1147 –1152.
[19] ALIVISATOS A P. Semiconductor clusters, nanocrystals, and quantum dots [J]. Science, 1996, 271: 933 –937.
[20] BAWENDI M G, STEIGERWALD M L, BRUS L E. The quantum mechanics of larger semiconductor clusters ("quantum dots") [J]. Annual review of physical chemistry, 1990, 41: 477 –496.
[21] HU J, ODOM T W, LIEBER C M. Chemistry and physics in one dimension: synthesis and properties of nanowires and nanotubes [J]. Accounts of chemi-

cal research, 1999, 32: 435 - 445.

[22] GATES B, WU Y, YIN Y, et al. Single - crystalline nanowires of Ag_2Se can be synthesized by templating against nanowires of trigonal Se [J]. Journal of the American Chemical Society, 2001, 123: 11500 - 11501.

[23] SONG J H, MESSER B, WU Y Y, et al. MMo_3Se_3 ($M = Li^+$, Na^+, Rb^+, Cs^+, NMe_4^+) nanowire formation via cation exchange in organic solution [J]. Journal of the American Chemical Society, 2001, 123: 9714 - 9715.

[24] ROGACH A L, HARRISON M T, KERSHAW S V, et al. Colloidally prepared CdHgTe and HgTe quantum dots with strong near - infrared luminescence [J]. Physica status solidi B, 2001, 224: 153 - 158.

[25] GUDIKSEN M S, WANG J F, LIEBER C M. Synthetic control of the diameter and length of single crystal semiconductor nanowires [J]. Journal of physics chemistry B, 2001, 105: 4062 - 4064.

[26] WANG W Z, GENG Y, YAN P, et al. Synthesis and characterization of MSe (M = Zn, Cd) nanorods by a new solvothermal method [J]. Inorganic chemistry communications, 1999, 2: 83 - 85.

[27] MIRKIN C A, TATON T A. Material chemistry: semiconductors meet biology [J]. Nature, 2000, 405: 626 - 627.

[28] AHMADI T S, WANG Z L, GREEN T C, et al. Shape - controlled synthesis of colloidal platinum nanoparticles [J]. Science, 1996, 272: 1924 - 1925.

[29] LI W Z, XIE S S, QIAN L X, et al. Large - scale synthesis of aligned carbon nanotubes [J]. Science, 1996, 274: 1701 - 1703.

[30] VOLLATH D, SICKAFUS K E. Synthesis of nanosized ceramic nitride powders by microwave - supported plasma reactions [J]. Nanostructured mater, 1993, 2: 451 - 456.

[31] KLINGER N, STRAUSS E L, KOMAREK K L. Reactions between silica and graphite [J]. Journal of the American Ceramic Society, 1966, 49: 369 - 375.

[32] HU J Q, LU Q Y, TANG K B, et al. Synthesis and characterization of nanocrystalline boron nitride [J]. Journal solid state chemistry, 1999, 148: 325 - 328.

[33] MIYAZAKI A, YOSHIDA S, NAKANO Y, et al. Preparation of tetrahedral Pt nanoparticles having {111} facet on their surface [J]. Chemistry letters, 2005, 34: 74 - 75.

[34] 丁秉钧. 纳米材料 [M]. 北京：机械工业出版社，2004.

[35] KAUER E, Optical and electrical properties of LaB_6 [J]. Physics letters,

1963, 7: 171 –173.
[36] NIEMYSKI T, KIERZEK – PECOLD E. Crystallization of lanthanum hexaboride [J]. Journal of crystal growth, 1968, 3 (4); 162 –165.
[37] KIERZEK – PECOLD E. Plasma reflection edge in crystalline MB_6 compounds [J]. Physica status solidi B, 1969, 33 (2): 523 –531.
[38] PESCHMANN K R, CALOW J T, KNAUFF K G. Diagnosis of the optical properties and structure of lanthanum hexaboride thin films [J]. Journal of applied physics Phys. , 1973, 44 (5): 2252 –2256.
[39] SHELYKH A I, SIDORIN K K, KARIN M G, et al. Optical constants and electronic structure of LaB_6, EuB_6 and SmB_6 single crystals prepared by the solution method [J]. Journal of the less common metals, 1981, 82: 291 –296.
[40] VAN DER HEIDE P A M, TEN CATE H W, TEN DAM L M, et al. Differences between LaB_6 and CeB_6 by means of spectroscopic ellipsometry [J]. Journal of physics F: metal physics, 1986, 16: 1617 –1623.
[41] KIMURA S, NANBA T, KUNII S, et al. Anomalous infrared absorption in Rare – Earth hexaborides [J]. Solid state communications, 1990, 75: 717 –720.
[42] KIMURA S, NANBA T, TOMIKAWA M, et al. Electronic structure of rare – earth hexaborides [J]. Physical review B, 1992, 46 (19): 12196 –12204.
[43] KIMURA S, NANBA T, KUNII S, et al. Low – energy optical excitation in rare – earth hexaborides [J]. Physical review B, 1994, 50 (3): 1406 –1414.
[44] SCHELM S, SMITH G B. Dilute LaB_6 nanoparticles in polymer as optimized clear solar control glazing [J]. Applied physics letters, 2003, 82 (24): 4346 –4348.
[45] SCHELM S, SMITH G B, GARRETT P D, et al. Tuning the surface – plasmon resonance in nanoparticles for glazing applications [J]. Journal of applied physics Phys, 2005, 97: 124314 (1 –8) .
[46] SMITH G B. Nanoparticle physics forenergy, lighting and environmental control technologies [J]. Materials science forum, 2002, 26: 20 –28.
[47] FISHER W K, GARRETT P D, BOOTH H D, et al. Infrared absorbing compositions and laminates: US, B2, 6911254 [P]. 2005 –06 –28.
[48] FUJITA K, ADACHI K. Master batch containing heat radiation shielding component, and heat radiation shielding transparent resin form and heat radiation shielding transparent laminate for which the master batch has been used: US,

B2, 7666930 [P]. 2010 - 02 - 23.

[49] TAKEDA H, KUNO H, ADACHI K. Solar control dispersions and coatings with rare - earth hexaboride nanoparticles [J]. Journal of the American Ceramic Society, 2008, 91 (9): 2897 - 2902.

[50] ADACHI K, MIRATSU M, ASAHI T. Absorption and scattering of near - infrared light by dispersed lanthanum hexaboride nanoparticles for solar control filters [J]. Journal of materials research, 2010, 25 (3): 510 - 521.

[51] YUAN Y F, ZHANG L, HU L J, et al. Size effect of added LaB_6 particles on optical properties of LaB_6/Polymer composites [J]. Journal solid state chemistry, 2011, 184: 3364 - 3367.

[52] SATO Y, TERAUCHI M, MUKAI M, et al. High energy - resolution electron energy - loss spectroscopy study of the dielectric properties of bulk and nanoparticle LaB_6 in the near - infrared region [J]. Ultramicroscopy, 2011, 111: 1381 - 1387.

[53] XIAO L H, SU Y C, ZHOU X Z, et al. Origins of high visible light transparency and solar heat - shielding performance in LaB_6 [J]. Applied physics letters, 2012, 101: 041913 (1 - 3).

第3章

纳米晶稀土六硼化物的制备方法

纳米晶的 RB_6 很难用水热法、溶剂热法等常见的化学反应法来制备，目前常见的制备方法有 CVD、高温自生压反应（RAPET）、固相反应等方法。表3.1 中总结了到目前为止的一些纳米晶 RB_6 的制备情况。从表中可看出，CVD 方法得到的样品为纳米线、纳米管、纳米棒等柱状结构，固相反应得到的样品一般为颗粒状结构。

表 3.1　不同形状 RB_6 的制备方法

形状	材料	方法	参考文献
纳米线	LaB_6	金属催化剂辅助 CVD	[1]
		无催化剂辅助 CVD	[2]
	CeB_6	无催化剂辅助 CVD	[3]
		金属催化剂辅助 CVD	[4]
	PrB_6	无催化剂辅助 CVD	[5]
	NdB_6	无催化剂辅助 CVD	[6]
	SmB_6	无催化剂辅助 CVD	[7]
	EuB_6	无催化剂辅助 CVD	[8]
	GdB_6	金属催化剂辅助 CVD	[9]
纳米管	LaB_6	无催化剂辅助 CVD	[10]
	EuB_6	无催化剂辅助 CVD	[8]
纳米棒	LaB_6	金属催化剂辅助 CVD	[11]
	PrB_6	无催化剂辅助 CVD	[12]

续表

形状	材料	方法	参考文献
纳米颗粒	LaB_6	固相反应	[13][14][15][16]
	CeB_6	固相反应	[17][18][19]
	PrB_6	固相反应	[19][20]
	NdB_6	固相反应	[17]
	SmB_6	固相反应	[17][21]
	EuB_6	固相反应	[17]
	GdB_6	固相反应	[17]
亚微米颗粒	LaB_6	RAPET	[22]
		固相反应	[23]
	CeB_6	RAPET	[22]
		固相反应	[23]
	PrB_6	固相反应	[23]
	NdB_6	RAPET	[22]
		固相反应	[23]
	SmB_6	RAPET	[22]
		固相反应	[23]
		Mg 辅助固相反应	[24]
	EuB_6	RAPET	[22]
		固相反应	[23]
		Mg 辅助固相反应	[24]
	GdB_6	RAPET	[22]
		Mg 辅助固相反应	[24]

3.1 化学气相沉积法

CVD 方法是合成柱状结构 RB_6 纳米晶的可靠方法。原则上，CVD 技术是一种简单的气相沉积工艺，其中冷凝或粉末状材料在高温下蒸发，生成的气相在一定条件下（温度、压力、大气、基质等）冷凝形成所需的样品。这一过程通常在管式炉中进行。

3.1.1　催化剂辅助化学气相沉积

Zhang 等人在金属衬底上用催化剂辅助化学气相沉积法合成了 RB_6 纳米结构[1,4,9]。如 LaB_6 纳米线的合成化学反应为

$$2LaCl_3 + 12BCl_3 + 21H_2 \rightarrow 2LaB_6 + 42HCl \tag{3.1}$$

该反应在 1 150 ℃的管式炉中进行。BCl_3 气体和粉末状的 $LaCl_3$ 在氮氢混合气氛中聚集在一起，并在优化工艺条件下，在金属衬底上生长出单晶纳米线，获得了较好的产率和少量的非晶态硼杂质。

Brewer 等人以 $LaCl_3$ 粉体和 $B_{10}H_{14}$ 气体为原料，采用金属催化剂辅助 CVD 法合成了不同高度和直径的单晶 LaB_6 纳米方尖碑结构[11]。Wagner 和 Ellis 通过气－液－固（VLS）反应机制，采用一种合适的 CVD 方法制备了具有最佳生长方向的纳米结构[25]。合成基于以下化学反应：

$$10LaCl_3 + 6B_{10}H_{14} \rightarrow 10LaB_6 + 30HCl + 27H_2 \tag{3.2}$$

使用十硼烷是因为十硼烷在室温下是固态的，并且可以在 70 ℃下升华，因此它比其他具有更高毒性的气态或液态硼前体更易于处理，在合成 LaB_6 纳米材料时十硼烷比卤化硼更能促进热力学反应。

3.1.2　无催化剂辅助化学气相沉积

Xu 等人以稀土粉末和 BCl_3 为原料，通过无催化剂辅助 CVD 方法在硅片上生长合成了 RB_6 纳米结构[2,5,7,8,10]。例如以 La 和 BCl_3 为起始原料，采用单步无催化剂辅助 CVD 法在硅基片上制备 LaB_6 纳米线的化学反应如下：

$$La + 6BCl_3 + 9H_2 \rightarrow LaB_6 + 18HCl \tag{3.3}$$

该反应在 1 100 ℃的石英管式炉中进行。La 粉末在氢气和氮氩混合气氛中与 BCl_3 气体直接反应。

3.2　高温自生压反应

Selvan 等人以金属乙酸盐为前驱体，以 $NaBH_4$ 为起始化合物，采用 RAPET 法成功地合成了 RB_6（R = La、Ce、Nd、Sm、Eu、Gd）[22]。当没有 $NaBH_4$ 时，在 700 ℃下所有稀土金属乙酸酯均热分解为金属碳酸盐和碳：

$$2R(CH_3COO)_3 \rightarrow R_2O(CO_3)_2 + 3(CH_3COCH_3) + O_2 + C \tag{3.4}$$

$$R_2O(CO_3)_2 \rightarrow R_2O_3 + 2CO_2 \tag{3.5}$$

同样，$NaBH_4$ 在 500 ℃时分解成 NaH 和 BH_3：

$$NaBH_4 \rightarrow NaH + BH_3 \tag{3.6}$$

当温度到达 700 ℃后 R_2O_3 与 NaH 和 BH_3 反应生成 RB_6：

$$R_2O_3 + 6NaH + 12BH_3 \rightarrow 2RB_6 + 3Na_2O + 21H_2 \tag{3.7}$$

反应物 Na_2O 可溶解在水中变成 NaOH。

3.3 固相反应法

3.3.1 高温固相反应法

除了 CVD 方法之外，固相反应法也是制备纳米晶 RB_6 的一种重要方法。Liu 等人用 Nd_2O_3 和 B_4C 为原材料，通过高温固相反应法制备了 NdB_6 粉末样品[26]。其化学反应如下：

$$Nd_2O_3 + 3B_4C \rightarrow 2NdB_6 + 3CO \tag{3.8}$$

由于对水的亲和力强，Nd_2O_3 和 B_4C 粉末在 423 K 下干燥 2 h，混合球磨后把样品放在真空炉中用碳加热器加热。然后抽真空将炉内压力降低到一定程度后将温度升高到所需水平进行烧结。在释放所施加的压力之前，将样品冷却至室温，再研磨后得到目标粉末。

我们研究组也通过高温固相反应法制备了一系列 RB_6 纳米颗粒[15,18,20,21]。以制备 LaB_6 为例，固相反应的主要反应过程可如下表示：

$$NaBH_4 \rightarrow NaH + BH_3 \tag{3.9}$$

$$La_2O_3 + 2NaH + 12BH_3 \rightarrow 2LaB_6 + 2H_2O + Na_2O + 17H_2 \tag{3.10}$$

$NaBH_4$ 首先在温度升到 500 ℃左右时分解为 NaH 和 BH_3。当温度继续上升到 900 ℃左右时 La_2O_3 与 NaH 和 BH_3 反应，如方程（3.10）所示。反应产生的 Na_2O 在高温下被蒸发，沉积在长石英管的低温区。由于反应过程中石英管里还是存在少量的空气，因此反应产物里还存在部分 $LaBO_3$，最后被盐酸清洗掉。

3.3.2 低温固相反应法

目前，制备 RB_6 的主要挑战是高温和苛刻的反应条件，因此很多研究人员尝试在较低的温度下制备 RB_6 样品。Zhang 等人报道了一种在高压釜中合成 RB_6（R = Ce、Pr、Nd、Sm、Eu、Gd、Tb）纳米晶的简单低温固相反应方法[19,24]。在该制备过程中，将适量的 $RCl_3 \cdot 6H_2O$、B_2O_3 和过量的 Mg 放入不锈钢高压釜中，然后被密封在氮气气氛手套箱中 500 ℃下保持 12 ~ 48 h，再冷却到室温。过程化学反应如下：

$$RCl_3 \cdot 6H_2O + 3B_2O_3 + 10.5Mg \rightarrow RB_6 + 1.5MgCl_2 + 9MgO + 6H_2O \tag{3.11}$$

$$B_2O_3 + 3Mg \rightarrow 2B + 3MgO \tag{3.12}$$

$$2RCl_3 + 3Mg \rightarrow 2R + 3MgCl_2 \tag{3.13}$$

$$R + 6B \rightarrow RB_6 \quad (3.14)$$

尽管反应温度仅为500 ℃，但该反应是热力学自发进行的。不过由于反应系统是密封在高压釜中，所以很难对反应进行监测。因此，为了更好地理解反应动力学，有必要进行进一步的研究。

参考文献

[1] ZHANG H, TANG J, ZHANG Q, et al. Field emission of electrons from single LaB_6 nanowires [J]. Advanced materials, 2006, 18: 87 -91.

[2] XU J Q, ZHAO Y M, ZHANG Q Y. Enhanced electron field emission fromsin-glecrystalline LaB_6 nanowires with ambient temperature [J]. Journal of applied physics, 2008, 104: 124306.

[3] ZOU C Y, ZHAO Y M, XU J Q. Synthesis of single - crystalline CeB_6 nanowires [J]. Journal of crystal growth, 2006, 291: 112 -116.

[4] ZHANG H, ZHANG Q, ZHAO G P, et al. Single - crystalline CeB_6 nanowires [J]. Journal of the American Chemical Society, 2005, 127: 8002 -8003.

[5] XU J Q, CHEN X L, ZHAO Y M, et al. Single - crystalline PrB_6 nanowires and their field - emission properties [J]. Nanotechnology, 2007, 18: 115621.

[6] WANG G H, BREWER J R, CHAN J Y, et al. Morphological evolution of neodymium boride nanostructure growth by chemical vapor deposition [J]. Journal of physical chemistry C, 2009, 113: 10446.

[7] XU J Q, ZHAO Y M, JI X H, et al. Growth of single - crystalline SmB_6 nanowires and their temperature - dependent electron field emission [J]. Journal of physics D: applied physics, 2009, 42: 135403.

[8] XU J Q, CHEN X L, ZHAO Y M, et al. Self - catalyst growth of EuB_6 nanowires and nanotubes [J]. Journal of crystal growth, 2007, 303: 466 -471.

[9] ZHANG H, ZHANG Q, ZHAO G P, et al. Single - crystalline GdB_6 nanowire field emitters [J]. Journal of the American Chemical Society, 2005, 127: 13120.

[10] XU J Q, ZHAO Y M, ZOU C Y. Self - catalyst growth of LaB_6 nanowires and nanotubes [J]. Chemical physics letters, 2006, 423: 138 -142.

[11] BREWER J R, DEO N, WANG Y M, et al. Lanthanum hexaboride nanoobe-lisks [J]. Chemical of materials, 2007, 19: 6379 -6381.

[12] ZHANG Q Y, XU J Q, ZHAO Y M, et al. Fabrication of large - scale single crystalline PrB_6 nanorods and their temperature - dependent electron field emission [J]. Advanced functional materials, 2009, 19: 742 -747.

[13] DEMISHEV S V, SEMENO A V, BOGACHA A V, et al. Antiferro - quadrupole resonance in CeB_6 [J]. Physica B - condensed matter. , 2005, 378: 602 -603.

[14] YUAN Y F, ZHANG L, LIANG L M, et al. A solid - state reaction route to prepare LaB_6 nanocrystals in vacuum [J]. Ceramics international, 2011, 37: 2891 -2896.

[15] BAO L H, BAO W, WEI W, et al. A new route for the synthesis of submicron - sized LaB_6 [J]. Materials characterization. , 2014, 97: 69 -73.

[16] ZHANG M F, YUAN L, WANG X Q, et al. A low - temperature route for the synthesis of nanocrystalline LaB_6 [J]. Journal of solid state chemistry, 2008, 181: 294 -297.

[17] APREA A, MASPERO A, MASCIOCCHI N, et al. Nanosized rare - earth hexaborides: low - temperature preparation and microstructural analysis [J]. Solid state sciences, 2013, 21: 32 -36.

[18] BAO L H, BAO W, WEI W, et al. Chemical synthesis and microstructure of nanocrystalline RB_6 (R = Ce, Eu) [J]. Journal of alloys and compounds, 2014, 617: 235 -239.

[19] ZHANG M F, WANG X Q, ZHANG X W, et al. Direct low - temperature synthesis of RB_6(R = Ce, Pr, Nd) nanocubes and nanoparticles [J]. Journal of solid state chemistry, 2009, 182: 3098 -3104.

[20] WEI W, BAO L H, LI Y J, et al. Solid - state reaction synthesis and characterization of PrB_6 nanocrystals [J]. Journal of crystal growth, 2015, 415: 123 -126.

[21] BAO L H, CHAO L M, LI Y J, et al. SmB_6 nanoparticles: synthesis, valence states, and magnetic properties [J]. Journal of alloys and compounds, 2015, 651: 19 -23.

[22] SELVAN R K, GENISH I, PERELSHTEIN I, et al. Single step, low temperature synthesis of submicron - sized rare earth hexaborides [J]. Journal of physical chemistry C, 2008, 112: 1795 -1802.

[23] WANG L C, XU L Q, JU Z C, et al. A versatile route for the convenient synthesis of rare - earth and alkaline - earth hexaborides at mild temperatures [J]. CrystEngComm. , 2010, 12: 3923 -3928.

[24] ZHANG M F, JIA Y, XU G G, et al. Mg – Assisted autoclave synthesis of RB_6(R 1/4 Sm, Eu, Gd, and Tb) submicron cubes and SmB_6 submicron rods [J]. European journal of inorganic chemistry: 2010, 8: 1289 – 1294.
[25] WAGNER R S, ELLIS W C. Vapor – liquid – solid mechanism of single crystal growth [J]. Applied physics letters, 1964, 4: 89 – 90.
[26] LIU Y, LU W J, QIN J N, et al. A new route for the synthesis of NdB_6 powder from Nd_2O_3 – B_4C system [J]. Journal alloys and Compounds, 2007, 431: 337 – 341.

第 4 章

纳米晶稀土六硼化物的制备及表征

4.1　立方形貌纳米晶稀土六硼化物颗粒的制备

目前制备 RB_6 纳米颗粒比较好的方法是，用稀土氯化物为原料，在高温下和硼氢化钠固相反应。我们采用稀土氧化物为原料制备出了二元和赝二元稀土六硼化物，为 RB_6 纳米颗粒的制备提供一个新的思路。

4.1.1　实验原料

我们采用高温固相反应法制备了二元及赝二元的稀土六硼化物粉末。实验原材料如表 4.1 所示。

表 4.1　实验原材料

原料/试剂	纯度/%	生产商
氧化镧（La_2O_3）	99.99	瑞科稀土冶金及功能材料国家工程研究中心
氧化铈（CeO_2）	99.99	瑞科稀土冶金及功能材料国家工程研究中心
氧化镨（Pr_6O_{11}）	99.99	瑞科稀土冶金及功能材料国家工程研究中心
氧化钕（Nd_2O_3）	99.99	瑞科稀土冶金及功能材料国家工程研究中心
氧化钐（Sm_2O_3）	99.99	瑞科稀土冶金及功能材料国家工程研究中心
氧化铕（Eu_2O_3）	99.99	瑞科稀土冶金及功能材料国家工程研究中心
硼氢化钠（$NaBH_4$）	99	Fluka
盐酸	36 ~ 38	国药集团化学试剂有限公司
无水乙醇	99.7	天津市风船化学试剂科技有限公司
蒸馏水（自制）		

4.1.2　实验装置

制备样品的固相反应在管式电阻炉（包头云捷电炉厂）中进行，固相反应实验装置及示意图如图 4.1 所示。

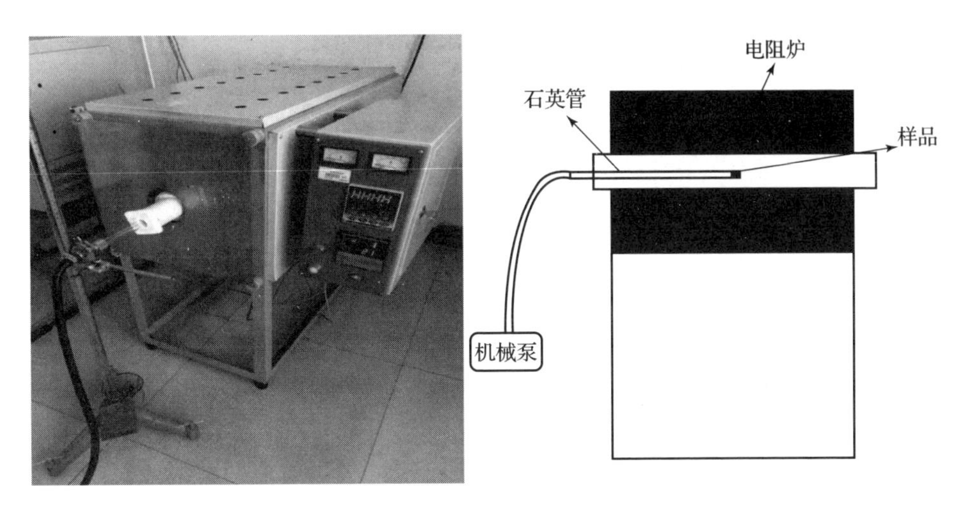

图 4.1　固相反应实验装置及示意图

4.1.3　实验过程

1. 二元 RB_6 的制备

将纯度为 99.99% 的稀土氧化物与纯度为 99.99% 的硼氢化钠按所需摩尔比称量并混合，在玛瑙研钵中充分研磨 1 h 后，用液压机压成直径 1 cm 左右的小圆片，放入石英管中用机械泵抽真空，真空度为 2×10^{-2} Pa，再放入管式电阻炉中在 1 200 ℃下保温 2 h 后自然冷却获得初步产物。初步产物里除了含有所需的 RB_6 以外还含有大量 RBO_3 的杂相。为了去除杂相，把烧结后的产物放进盐酸蒸馏水比 1∶3 的溶液中，在超声清洗机中清洗 30 min，然后在离心机上以 4 000 rpm 离心 5 min。用蒸馏水和无水乙醇对产物进行多次清洗，最后放在恒温干燥箱中烘干后得到最终产物 RB_6 粉末。

以制备 LaB_6 为例，固相反应的主要反应过程可表示如下：

$$NaBH_4 \rightarrow NaH + BH_3 \tag{4.1}$$

$$La_2O_3 + 2NaH + 12BH_3 \rightarrow 2LaB_6 + 2H_2O + Na_2O + 17H_2 \tag{4.2}$$

$NaBH_4$ 首先在温度升到 500 ℃左右时分解为 NaH 和 BH_3[1]。当温度继续上升到 900 ℃左右时 La_2O_3 与 NaH 和 BH_3 反应，如方程（4.2）所示。从反应产生的 Na_2O 在高温下被蒸发，沉积在长石英管的低温区。由于反应过程中石英管里还是存在少量的空气，因此反应产物里还存在部分 $LaBO_3$，最后被盐酸清洗掉。

2. 赝二元 RB_6 的制备

为了研究不同价态掺杂对 LaB_6 光学性质的影响，我们还制备了一系列赝二元 RB_6 样品，制备方法和过程与上述二元 RB_6 的相同。例如用 La_2O_3、CeO_2 及 $NaBH_4$ 为原料，在 1 200 ℃ 保温 2 h，制备了 $La_{1-x}Ce_xB_6$（x = 0.2、0.4、0.6、0.8）系列样品。同样还有 $La_{1-x}Sm_xB_6$（x = 0、0.3、0.6、0.8）系列样品及 $La_{1-x}Eu_xB_6$（x = 0、0.2、0.4、0.8）系列样品。

4.2 立方形貌纳米晶稀土六硼化物颗粒的表征

4.2.1 物相分析

1. X 射线衍射法介绍

目前，分析物质的结构有很多种方法，如电子衍射、中子衍射、穆斯堡尔谱、红外光谱等，然而 X 射线衍射（X－ray diffraction，XRD）仍然是应用最广泛、最有效的分析手段，而且 XRD 是人类在研究物质的微观结构时采用的第一种方法。通过 XRD 技术可以测定晶体材料的结构、晶粒大小、晶格畸变、晶体织构、晶体取向、结晶度、晶体内应力，还可以进行相变研究、固溶体分析和磁畴结构分析方面的工作。因此 XRD 有非常广泛的应用范围，现已渗透到化学、物理、材料科学、地球科学以及各种工程技术应用当中，成为非常重要的一种实验分析方法和手段。

X 射线衍射法指的是通过对所测材料进行 X 射线衍射，分析所得衍射图，从而获得材料的内部原子或分子结构以及成分等信息的研究方法。XRD 是非常重要的材料表征分析手段。X 射线是一种波长很短的电磁波，其波长范围在紫外和伽马射线之间（图 4.2），由德国物理学家伦琴于 1895 年发现，因此又称为伦琴射线。X 射线能使荧光物质发光，使气体电离，并且可以直接穿透一定厚度的物质。根据微观粒子的波粒二象性，X 射线也具有粒子性和波动性。粒子性体现在它以光子的形式辐射和吸收能量，与物质相互作用时交换能量，如光电效应、二次电子等；波动性体现在它具有干涉、衍射的现象。波动性和粒子性之间以公式 $\varepsilon = h\nu$ 联系在一起。

X 射线生成示意图如图 4.3 所示。在真空管的阳极和阴极之间加上高压，则由钨丝制成的阴极发射出电子，发射的电子经过高压加速后轰击阳极靶材，靶材金属内的电子被撞击后跃迁，释放出 X 射线。

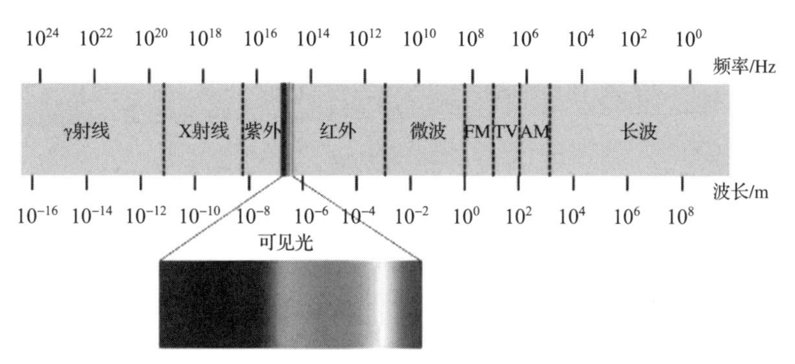

图 4.2　X 射线频率和波长范围

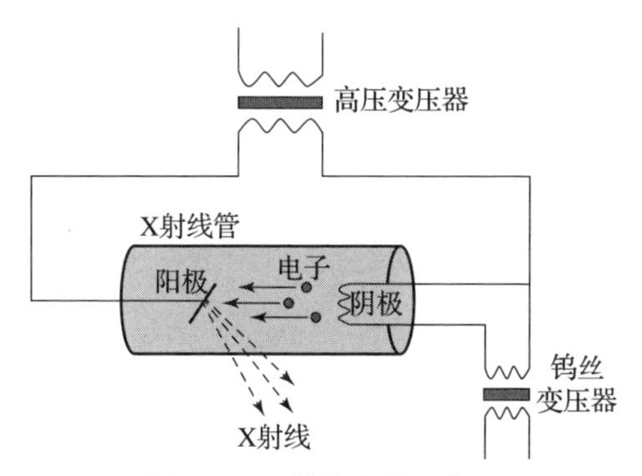

图 4.3　X 射线生成示意图

晶体材料中的原子是周期性排列的，彼此相距几十皮米（pm）到几百皮米。如果一束 X 射线照射在晶体上，晶体中原子间距离与 X 射线波长有相同数量级，因此周期性排列的不同原子散射的 X 射线互相产生干涉，相当于这种周期性排列的原子结构成为 X 射线空间衍射的“衍射光栅”。根据德国物理学家劳厄的上述设想，弗里德里奇等人于 1912 年证实了 X 射线衍射现象，这是 X 射线衍射学的里程碑事件。发生衍射后的 X 射线产生叠加，使射线波的强度在空间某些方向上加强，在另一些方向上减弱。衍射强度与方位在空间中的分布与晶体本身的结构密切相关，每一种晶体都能产生自身独有的衍射花样，衍射花样反映出该晶体内部的原子排列情况。以上便是 X 射线衍射的基本原理。

在劳厄发现的基础上，英国物理学家布拉格父子于 1913 年采用 XRD 方法成功测定了 NaCl、KCl 等材料的晶体结构，并提出了著名的晶体衍射基础方程——布拉格方程。布拉格方程是衍射几何规律的表达式。我们假定晶体构造是理想的简单点阵，作为几何点的原子不做热振动，电子集中在几何点上散射，并且入射的 X 射线严格平行。由于晶体是由一系列平行等间距的晶面组成，因此任意两个相邻晶面上的散射波在晶面反射方向上的光程差为

X 射线波长的整数倍（$n\lambda$，$n=1, 2, 3, \cdots$）时干涉加强。以图 4.4 为例，经两个相邻晶面反射的衍射波光程差很容易算出来为 $2d\sin\theta$，因此干涉加强的条件为

$$2d\sin\theta = n\lambda \tag{4.3}$$

式中，n 为反射级数；λ 为 X 射线的波长；d 为晶面间距；θ 为掠射角。这就是布拉格方程，是 X 射线衍射分析的根本依据。

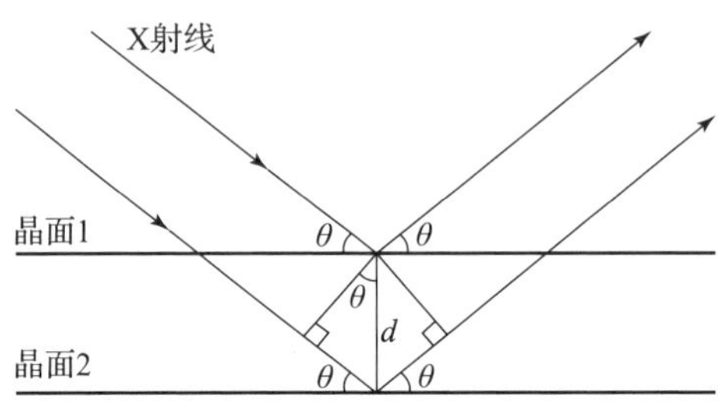

图 4.4　布拉格衍射

布拉格方程的形式简洁，可以反映出晶体结构中晶胞大小和形状的变化。例如用波长已知的 X 射线照射在晶体上，通过测量掠射角便可求出晶面间距 d。如在布拉格方程中代入立方、正方、斜方晶系的面间距公式，并进行平方后得

$$\sin^2\theta = \frac{\lambda^2}{4a^2}(H^2 + K^2 + L^2) \tag{4.4}$$

$$\sin^2\theta = \frac{\lambda^2}{4}\left(\frac{H^2 + K^2}{a^2} + \frac{L^2}{c^2}\right) \tag{4.5}$$

$$\sin^2\theta = \frac{\lambda^2}{4}\left(\frac{H^2}{a^2} + \frac{K^2}{b^2} + \frac{L^2}{c^2}\right) \tag{4.6}$$

由式（4.4）~式（4.6）可知，如 X 射线的波长已知，晶胞大小不同的晶体或不同晶系晶体，其衍射波的方向不同。因此，只要测出 θ，利用式（4.4）~式（4.6）便可确定晶体的晶面间距、晶胞类型和大小。根据衍射线的强度还可进一步确定晶胞内原子的排布。此外，分析纳米材料物相时经常采用谢乐公式估算样品的平均晶粒大小：

$$D = \frac{k\lambda}{B\cos\theta} \tag{4.7}$$

式中，D 为晶面法线方向上晶粒尺寸的平均值；θ 为 X 射线半衍射角；$\lambda = 0.154\,056$ nm 为 X 射线特征波长；B 为衍射峰的半高宽度（以弧度为单位）；$k=0.89$ 为谢乐常数。

XRD 实验测量是通过 X 射线衍射仪来完成的。X 射线衍射仪是用特征 X 射线照射晶体样品，用探测器记录衍射信息的实验装置。它主要由高稳定

度X射线源、样品位置取向调整系统、探测器以及衍射图像分析系统构成。其中X射线源提供入射到样品上的X射线，所发射X射线的波长由阳极靶材的材质决定，X射线的强度由阳极电压控制；样品位置取向调整系统又称测角仪，是X射线衍射仪的核心部分；探测器接收从样品过来的衍射光子信号并转变为电信号，可检测衍射强度和衍射方向；衍射图像分析系统则为专业的计算机数据分析软件。图4.5所示为PW1830型X射线衍射仪。

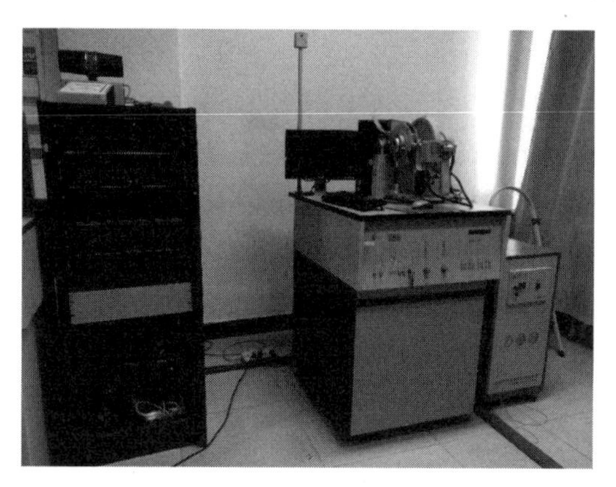

图4.5　PW1830型X射线衍射仪

XRD的应用主要有以下三点。

1）物相分析

物相分析是X射线衍射在晶体材料中用得最多的一点，分定量分析和定性分析。定量分析指的是根据衍射波强度确定样品中每个相的含量。这在研究样品中成分配比的合理性以及各相含量与性能间的关系等方面都有广泛应用。定性分析指的是把测量得到的晶面间距及衍射强度与标准卡片的物相衍射数据进行比较，确定材料中存在哪些物相。

2）结晶度的测定

材料的结晶度指的是材料中结晶部分的重量与总重量的比值百分数。例如对应用非常广泛的非晶态合金（如软磁材料）来说，结晶度直接影响其性能，此时结晶度的测定就变得非常重要了。虽然测定结晶度有多种方法，但都是把结晶相的衍射图谱面积与非晶相图谱面积做对比得出。

3）点阵常数的精确测定

材料相图固态溶解度曲线的测定需要精确测定点阵常数。溶解度的变化与点阵常数的变化紧密相关。当溶解限达到之后，继续增加的溶质会引起新相的析出，此时点阵常数将不再变化，这个转折点就是所谓的溶解限。此外，精确测定点阵常数还可以得到单位晶胞的原子数目，从而确定固溶体类型；还可得出密度、膨胀系数等其他物理量。

2. 纳米晶 RB_6 颗粒的物相结构分析

1）二元 RB_6（R = La、Ce、Pr、Nd、Sm 及 Eu）

采用 PW1830 型 X 射线衍射仪对样品进行相结构分析，使用 Cu 靶 Kα 射线（λ = 1.540 6 Å），扫描速率为 1°/min，扫描范围为 20° ~ 80°，测量电压及电流分别为 30 kV 和 30 mA。图 4.6 给出了合成的二元 RB_6（R = La、Ce、Pr、Nd、Sm 及 Eu）粉末的 XRD 图谱。从图中可以看出六个样品的各衍射峰均为稀土六硼化物的特征峰，由单相 CsCl 型立方结构构成，其空间群为 $Pm\bar{3}m$。在图谱中没有发现稀土单质或其氧化物的峰。而尖锐又很强的 XRD 峰表明每个样品的结晶情况良好。X'Pert Plus 软件分析出来的 LaB_6、CeB_6、PrB_6、NdB_6、SmB_6 及 EuB_6 样品的晶格常数分别为 0.414 1 nm、0.412 7 nm、0.411 8 nm、0.411 5 nm、0.411 8 nm 及 0.414 8 nm，稍小于 PDF 卡片上的理论值 0.415 7 nm、0.414 1 nm、0.413 2 nm、0.412 6 nm、0.413 4 nm 及 0.418 5 nm。这是因为纳米颗粒的表面原子数与总原子数之比与常规多晶单晶材料相比很大，由于颗粒尺寸很小，表面张力很大，晶体的晶格常数稍微减小[2]。

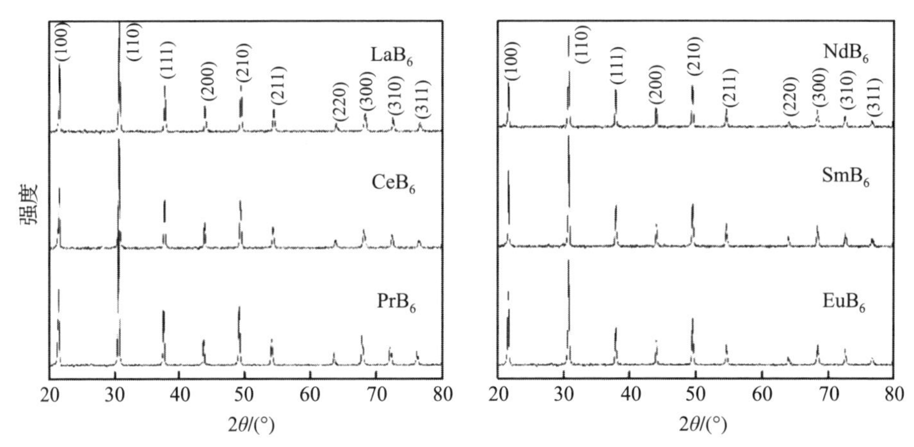

图 4.6　RB_6（R = La、Ce、Pr、Nd、Sm 及 Eu）粉末的 XRD 图谱

2）赝二元 $La_{1-x}Ce_xB_6$

图 4.7 为 $La_{1-x}Ce_xB_6$（x = 0.2、0.4、0.6、0.8）粉末的 XRD 图谱。四个样品均由单相 CsCl 型结构构成，与标准卡片（PDF：D110670）相比没有发现其他杂峰。根据本课题组的前期研究结果[3-4]，La 在原料 La_2O_3 中以三价的形式存在，Ce 在原料 CeO_2 中以三价和四价共存的形式存在。而形成 LaB_6 和 CeB_6 后 La 和 Ce 都以三价的形式存在。从 XRD 软件上分析得到的 $La_{1-x}Ce_xB_6$（x = 0.2、0.4、0.6、0.8）四个样品的晶格常数分别为 0.412 9 nm、0.412 6 nm、0.411 9 nm 及 0.411 7 nm，表明随着 Ce 掺杂量的增大，样品的晶格常数在减小。这是因为 Ce 的离子半径比 La 的离子半径小，因此当 Ce 掺杂量增大，样

品的晶格常数会变小。

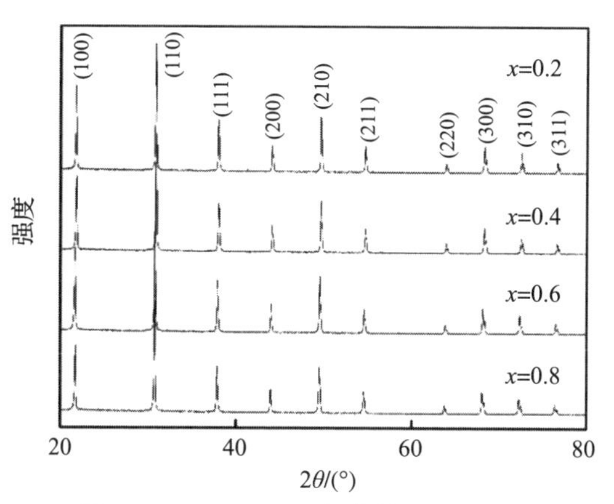

图 4.7　$La_{1-x}Ce_xB_6$ 粉末的 XRD 图谱

3）赝二元 $La_{1-x}Sm_xB_6$

图 4.8 为 $La_{1-x}Sm_xB_6$（x = 0、0.3、0.6、0.8）粉末的 XRD 图谱。从 XRD 图中可以清晰地看出四个样品均由属于 $Pm\bar{3}m$ 空间群的立方结构构成，图谱中出现的 10 个衍射峰分别对应立方晶相稀土六硼化物的（100），（110），（111），（200），（210），（211），（220），（300），（310）和（311）晶面。衍射峰尖锐且强度很大，没有发现 La 和 Sm 的单质及其氧化物的杂峰，表明形成了结晶情况良好的单相结构。从 XRD 分析软件上得到的样品 $La_{0.2}Sm_{0.8}B_6$，$La_{0.4}Sm_{0.6}B_6$，$La_{0.7}Sm_{0.3}B_6$ 和 LaB_6 的晶格常数分别为 0.412 3 nm、0.412 8 nm、0.413 3 nm 和 0.413 8 nm，表明晶格常数随着 Sm 掺杂量的增大而逐步减小。这是因为 Sm 的离子半径比 La 的离子半径小，因此随着 Sm 掺杂量的增大，样品的晶格常数会减小。

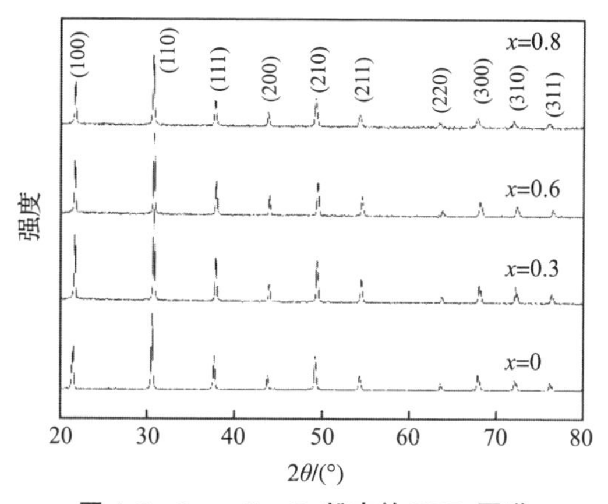

图 4.8　$La_{1-x}Sm_xB_6$ 粉末的 XRD 图谱

4）赝二元 $La_{1-x}Eu_xB_6$

图4.9为 $La_{1-x}Eu_xB_6$（x=0、0.2、0.4、0.8）粉末的XRD图谱。与前面的样品一样，四个样品均由属于 $Pm\bar{3}m$ 空间群的立方结构构成。图谱中出现的10个衍射峰分别对应立方晶相稀土六硼化物的（100），（110），（111），（200），（210），（211），（220），（300），（310）和（311）晶面，没有发现其他杂峰。尖锐而又很强的衍射峰表明样品的结晶情况良好。从XRD分析软件上分析得出的 $La_{1-x}Eu_xB_6$（x=0、0.2、0.4、0.8）四个样品的晶格常数值分别为0.413 7 nm、0.413 9 nm、0.414 4 nm及0.414 7 nm，可以看出随着Eu掺杂量的增大，晶格常数在逐渐变大。这是因为二价Eu的离子半径比三价La的离子半径大，因此随着Eu掺杂量的增大，样品的晶格常数也会变大。

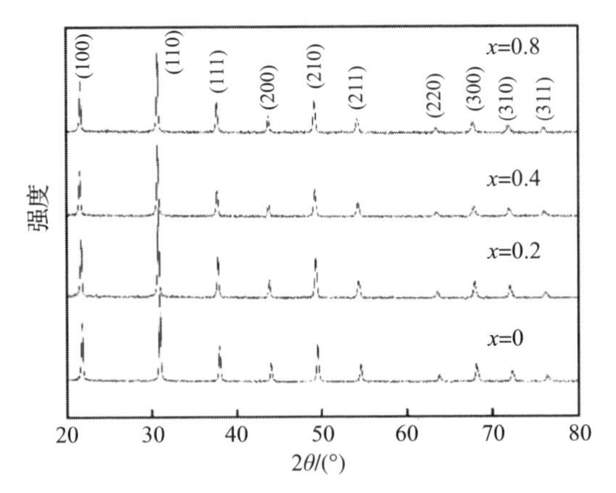

图4.9　$La_{1-x}Eu_xB_6$ 粉末的XRD图谱

从以上分析可以看出，以稀土氧化物为原料，在无高压、无还原剂的条件下也能制备出结晶情况良好的二元及赝二元 RB_6 粉末晶体。为观察所得粉末的表面形貌及颗粒大小情况，用FESEM（场发射扫描电子显微镜）观察了样品的微观形貌。

4.2.2　表面形貌分析

1. 扫描电镜原理介绍

扫描电镜是扫描电子显微镜的简称，英文缩写为SEM（scanning electron microscope），是一种对样品表面形态进行测试的大型分析仪器。当一束极细的高能入射电子打到样品上时，入射电子与样品中的电子发生碰撞，一部分电子被反射出样品表面，另一部分电子被样品吸收。此时，被激发的区域将产生二次电子、背散射电子、吸收电子、透射电子、俄歇电子、特征X射线等。扫描电子显微镜正是利用上述不同信息，采用不同的检测器，从而对样品进行分析。如从二次电子、背散射电子信息得到样品微观形貌的信息；从 X 射线信息得到样品化学成分的信息。

观察物体时，人眼的分辨率大概在 0.1 ~0.25 mm，用可见光作为光源的光学显微镜的分辨率受衍射极限的限制，不可能小于入射光波长的一半。例如以入射可见光的波长为 500 nm 算，则观察的物体不能小于 250 nm。而根据德布罗意物质波的概念，有公式

$$\lambda = \frac{h}{p} = \frac{h}{mv} = \frac{h}{\sqrt{2emV}} \tag{4.8}$$

对电子来说，在考虑相对论效应时，如果加速电压为 10 kV，则可求出 $\lambda = 0.012$ nm。这说明如果用电子束替代可见光来进行扫描的话，分辨率可以轻松地达到纳米级，这就是扫描电镜具有极高分辨率的原因。因此，扫描电镜可以在极高的放大倍率下直接观察样品的形貌。在上面说到，当高能电子束入射样品后与原子核及核外电子相互作用时可以激发出多种不同的物理信号，如图 4.10 所示。

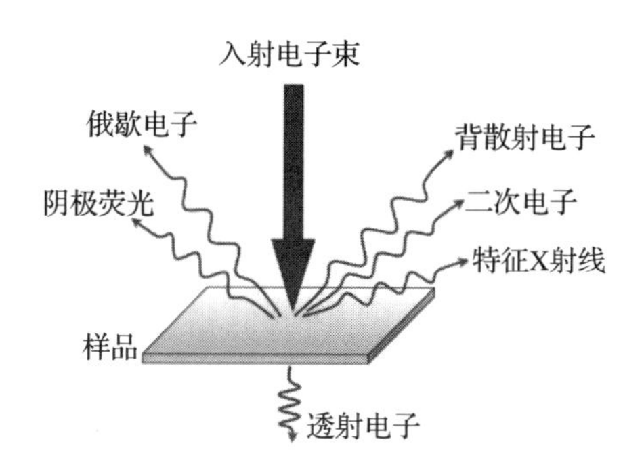

图 4.10 电子束与样品的相互作用

背散射电子指的是被样品中的原子核反射回来的一部分电子，其中包括弹性背散射电子和非弹性背散射电子。弹性背散射电子指的是散射角大于 90°的那些入射电子，其能量大约在数千电子伏到数万电子伏，发生散射后能量基本没有变化。非弹性背散射电子是入射电子与核外电子碰撞后产生的散射，能量和方向都发生变化，能量在数十电子伏到数千电子伏的很宽的范围内。从数量上看，弹性背散射电子要比非弹性背散射电子多很多，背散射电子产生的范围在样品的 100 nm ~1 μm 深度内。因为背散射电子的产额随原子序数的增加而增加，因此利用背散射电子作为成像信号，不仅能分析样品的形貌特征，还可以根据原子序数情况对样品进行定性成分分析。

二次电子指的是被入射电子轰击出来的样品的核外电子。原子核与核外价电子之间的结合能非常小，因此当价电子从入射电子获得大于其结合能的

能量，便可脱离原子的束缚成为自由电子。如果与入射电子束的碰撞发生在样品的表层，那么能量大于样品逸出功的自由电子可以从样品表面逸出，变成真空中的自由电子，即二次电子。二次电子来自样品表面 5 ~ 10 nm 的区域，能量较低，一般不会超过 50 eV，大部分二次电子的能量只有几个电子伏。二次电子对样品的表面状态十分敏感，因此能非常有效地显示样品的表面形貌。由于二次电子从试样表层很浅的区域发出，入射电子还未产生多次反射，所以二次电子的分辨率很高，能达到 5 nm，扫描电镜的分辨率一般就是二次电子的分辨率。此外，二次电子产额与原子序数的关系不大，主要由表面形貌决定，因此不能进行成分分析。

特征 X 射线指的是原子中的内层电子受到激发产生能级跃迁时产生的具有特定波长和能量的电磁辐射。X 射线一般从样品的 0.5 ~ 5 μm 深处释放出来，其波长与原子序数相关。EDS（能量色散谱）就是利用 X 射线的特征波长，检测相应元素，进行微区成分分析。

如果原子内层电子受到激发，产生能级跃迁，在此过程中发出的能量不是以 X 射线的形式释放，而是撞击核外另一电子，使其脱离原子，那么这种被电离出来的电子就叫作俄歇电子。因每一种原子都有自己特定的壳层能量，所以俄歇电子能量也各有特征值，其能量很低，一般在 50 ~ 1 500 eV 范围之内。俄歇电子的平均自由程特别小，只有 1 nm 左右，且俄歇电子产生的概率随着原子序数增加而减少，因此非常适合做样品表层的轻元素成分分析。

扫描电镜就是通过对上述信息的接收、放大和显示，获得样品的形貌、成分等信息。图 4. 11 为扫描电镜的结构示意图。电子枪发射直径约 50 μm 的电子束，在 2 ~ 30 kV 的加速电压下，经过两个电磁透镜组成的电子光学系统后变成直径约为 5 nm 的电子束，在样品的表面聚焦。同时，电子束在扫描线圈的作用下在样品表面进行光栅状扫描，激发出多种电子信号。这些信号分别被不同的探测器接收，经过放大、转换后在荧光屏上成像。因为显像管线圈的电流与扫描线圈的电流同步，因此样品表面任意点释放的信号与荧光屏上的亮点一一对应。因此，扫描电镜是以光栅扫描、逐点成像的图像分解法运行的。

电子束通过加速电压打到样品上，称场发射。场发射扫描电镜的分辨率非常高，适用于各种固态纳米材料精细表面形貌的观察，其所带的能谱仪能够对材料表面所选微区域中的元素进行定性定量分析，图 4. 12 为日本 Hitachi 公司的 SU8010 型场发射扫描电镜。现在的扫描电镜一般都与 EDS 结合在一起，可以对材料的成分进行分析，成为材料显微结构分析非常重要的仪器之一，已被广泛应用于材料、物理、化学、生物、冶金、矿业等多领域。

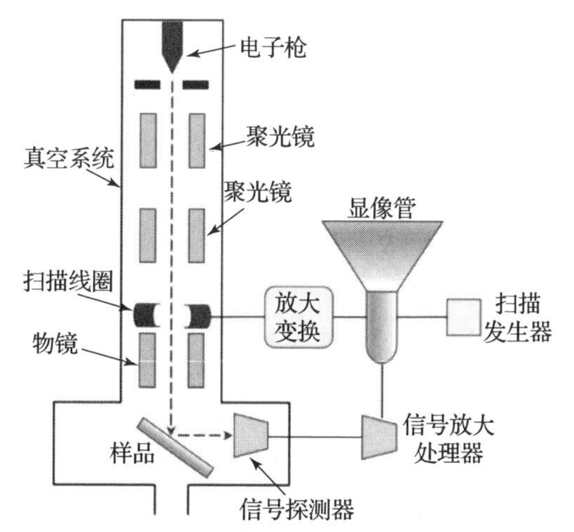

图 4.11　扫描电镜的结构示意图

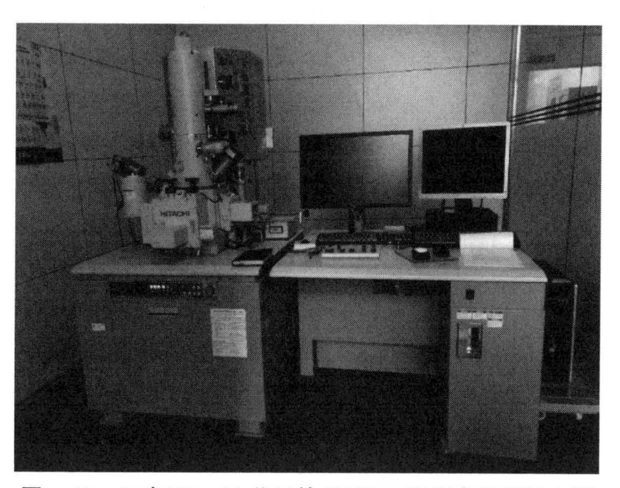

图 4.12　日本 Hitachi 公司的 SU8010 型场发射扫描电镜

2. 纳米晶 RB_6 颗粒的表面形貌及能谱分析

我们采用 Hitachi 生产的 SU8010 型场发射扫描电镜，来观察所制备 RB_6 颗粒的表面形貌、颗粒大小及元素成分分布情况。该电镜加速电压为 0.1 ~ 30 kV，显示器输出的放大倍数为 60 ~ 2 000 000，1 kV 分辨率可达 1.3 nm。测试时将少量粉末状样品分散于无水乙醇中，然后超声波分散 1 h，滴到玻璃沉底上晾干后粘在导电胶上进行测试。

图 4.13 为 RB_6（R = La、Ce、Pr、Nd、Sm 及 Eu）颗粒经过超声振荡处理后的 SEM 照片。从图 4.13 中可以看出六个样品大部分都由棱角分明的立方体或接近立方体形貌的单晶小颗粒组成，表明样品的结晶情况非常好。晶粒大

小在几十纳米到几百纳米的范围之内，这是因为高温固相反应法很难精确控制晶粒的大小。其中小颗粒的形状接近椭球形，而大颗粒的形状接近立方体，这种颗粒大小与形状间的关系符合纳米晶体的生长规律。从图 4.13 中还可以看到有些地方出现了团聚现象，应该是高温下能量不稳定的多个相邻颗粒的烧结长大。

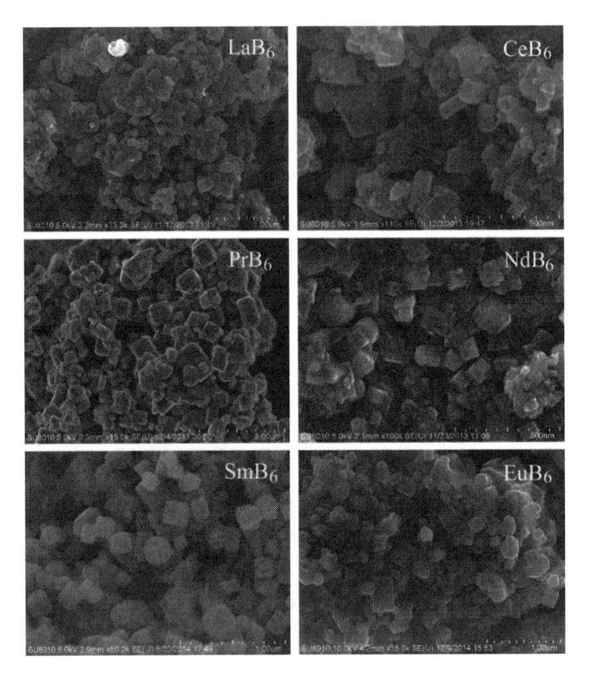

图 4.13　RB_6 颗粒经过超声振荡处理后的 SEM 照片

图 4.14 给出了 $La_{1-x}Ce_xB_6$ 粉末的 SEM 照片。从图 4.14 中可以看出四个样品均由几十纳米到几百纳米的立方或接近立方结构的小颗粒组成，分散性良好，没有发现严重的团聚现象。LaB_6 里掺 Ce 以后颗粒的表面形貌及大小没有出现明显的变化，平均晶粒度在 200 nm 左右。为了验证 Ce 原子是否进入 LaB_6 的单晶颗粒里，我们做扫描的同时选择 $La_{0.6}Ce_{0.4}B_6$ 的一个单颗粒进行了表面元素分析。图 4.15（a）为所选取的 $La_{0.6}Ce_{0.4}B_6$ 颗粒，从其右侧的元素分布图可以清晰地看到 La 元素和 Ce 元素均匀地分布在颗粒表面，说明 Ce 元素掺入 LaB_6 的晶格当中，而不是以单独 CeB_6 的形态存在。图 4.15（b）为所选单颗粒的 EDS 分析结果。图中少量 Si 和 O 的峰出现可能是由于少量的石英管在高温反应下渗透到样品表面所致，而 C 元素和 Al 元素是由于测试时为了黏结粉末而所用的导电胶所致。

(a)　(b)　(c)　(d)

图 4.14　$La_{1-x}Ce_xB_6$ 粉末的 SEM 照片

(a) $x=0.2$；(b) $x=0.4$；(c) $x=0.6$；(d) $x=0.8$

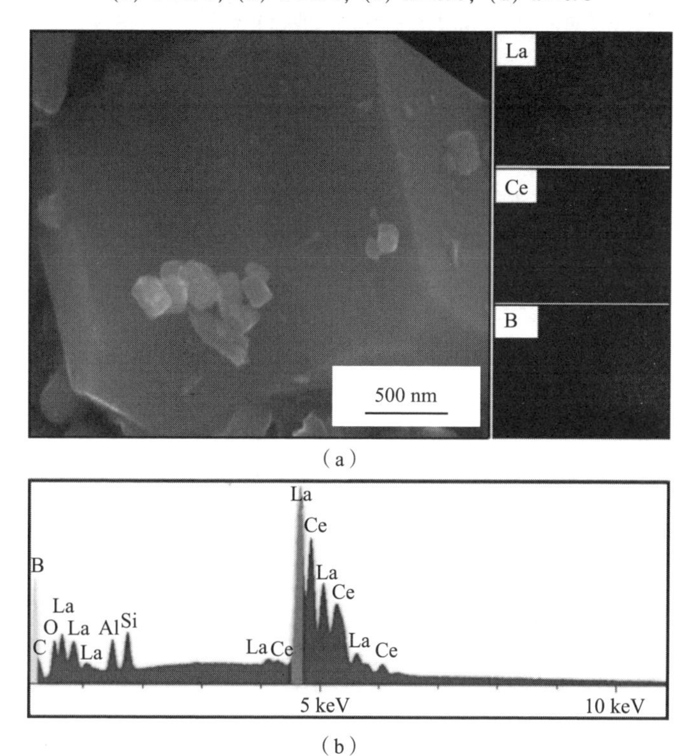

(a)　(b)

图 4.15　$La_{0.6}Ce_{0.4}B_6$ 粉末扫描电镜能谱分析图

图4.16为$La_{1-x}Sm_xB_6$粉末的SEM照片，可以看出四个样品均由立方形貌的颗粒组成，Sm元素掺杂后合成物仍然保持着以立方形貌为主的结构，符合RB_6的理论晶形结构。大颗粒棱角分明，而小颗粒接近球状或椭球状，符合纳米晶体的晶粒成长规律。颗粒尺度也没发生大的变化，其大小在几十纳米到200 nm左右，分散性良好，没有发现严重的团聚现象。

(a)　(b)　(c)　(d)

图4.16　$La_{1-x}Sm_xB_6$粉末的SEM照片

(a) $x=0$；(b) $x=0.3$；(c) $x=0.6$；(d) $x=0.8$

图4.17为$La_{1-x}Eu_xB_6$粉末的SEM照片。从图4.17中可以看出四个样品主要由立方形貌的颗粒组成。其中大颗粒棱角分明，与RB_6的理论晶形吻合，而小颗粒多为球形或椭圆形，与纳米晶粒成长规律符合。颗粒的分散性良好，没有发现严重的团聚现象。其中LaB_6样品的颗粒大小在几十纳米到200 nm的范围之内，而掺杂Eu元素后的其他三个样品的颗粒度明显小于LaB_6，在几十纳米到100 nm的范围之内，说明相比于Ce元素和Sm元素，Eu元素的加入会对反应过程产生明显的影响。

4.2.3　微观结构分析

1. 透射电镜原理介绍

我们从图4.10中可以发现，电子束打到样品上，有一部分电子可以直接从样品中透射出来。透射电镜（TEM）就是利用了这种信号。扫描电镜只能

图4.17　$La_{1-x}Eu_xB_6$ 粉末的SEM照片

(a) $x=0$；(b) $x=0.2$；(c) $x=0.4$；(d) $x=0.8$

观察样品表面的微观形貌，无法获得样品内部结构的信息。而透射电镜中，由于入射电子束透过样品，将与样品内部的原子发生相互作用，因此能获得与样品内部结构相关的信息。透射电镜的电子枪在电场作用下发射波长极短的电子束，经过聚光镜投射到样品上，透过样品的电子与样品中的原子发生碰撞，因此强度分布与样品的结构直接相关，由于材料中各个部位的结构不同，故而投射电子的疏密程度也不同，当荧光屏将电子分布转换成可见的光强分布后便形成了明暗不同的影像。

透射电镜基本构造示意图如图4.18所示。电子枪发射电子束，经过加速电压加速，再经聚光镜聚焦后入射到样品上。当电子束穿透样品后透射电子已携带试样微区结构及形貌的信息，具有不同的强度，经物镜放大后形成中间像。物镜是透射电镜中最关键的部分，物镜的优劣很大程度上决定了TEM分辨率的高低。物镜的最短焦距约1 mm，放大倍率可达300倍，理论上的分辨率能到0.1 nm，实际上可达0.2 nm。调节中间镜的激磁电流使物平面和其镜像平面重合，再由投影镜放大，则在荧光屏上得到放大显微图像，这就是TEM的成像。如果调节中间镜的激磁电流使物平面和物镜背焦面重合，则荧光屏上出现的是电子的衍射花样。

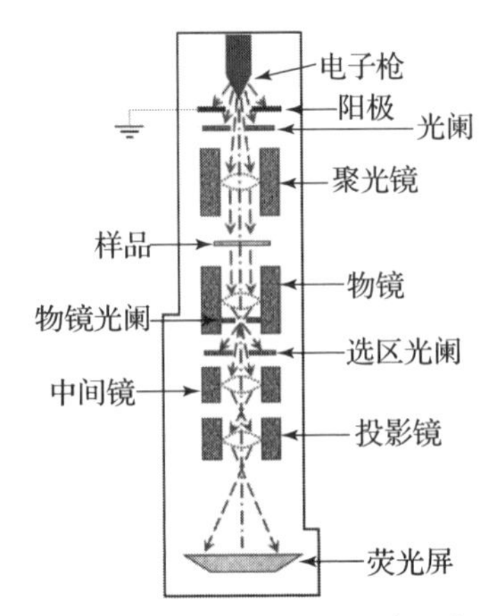

图 4.18　透射电镜基本构造示意图

因为电子的德布罗意波长很短，当加速电压为 100 kV 时其波长约为 0.003 7 nm，因此 TEM 最小分辨率可达 0.002 nm 左右，放大倍数可达 150 万倍左右。透射电镜在工作时，为了减少电子运动过程中与空气分子的碰撞，所有装置必须在真空系统中运行，一般情况下真空度为 10^{-2} ~ 10^{-4} Pa，如果是场发射电子枪，那么真空度应该在 10^{-6} ~ 10^{-8} Pa 左右。目前的透射电镜一般都采用机械泵加分子泵来抽真空。图 4.19 为 FEI Tecnai F20 高分辨透射电镜。

图 4.19　FEI Tecnai F20 高分辨透射电镜

因为透射电镜是利用透过试样的电子束成像，这就要求被测试的试样对入射电子束透明。而电子束透过试样的能力主要取决于所测材料物质的原子序数和加速电压的大小。通常，材料的原子序数越小，加速电压越高，则电子束能穿透的试样厚度就越大。最常用的加速电压是 100 kV，此时如果是原子序数在 Cr 附近的金属材料，则合适的试样厚度约 200 nm。

2. 纳米晶 RB_6 颗粒的微观结构及能谱分析

为了进一步验证合成粉末的精细结构，我们采用 FEI Tecnai F20 高分辨透射电镜对所制备 RB_6 颗粒的内部结构进行了表征。该电镜使用 LaB_6 作为电子枪，其加速电压为 200 kV，点分辨率为 0.24 nm，线分辨率为 0.14 nm，STEM（扫描透射电镜）分辨率为 0.19 nm。测试时将少量粉末状样品分散于无水乙醇中，然后超声波分散 1 h，再滴到铜网上晾干获得电镜测试样品。

图 4.20（a）为 LaB_6 粉末透射电镜照片，为明场像，粉末形貌非常接近立方结构，颗粒大小在几十纳米到 100 多纳米之间，与扫描电镜结果吻合。图 4.20（b）为选中颗粒的局部放大高分辨照片［采用 HRTEM（高分辨率透射电镜）］，平行排列的晶面族表明结晶度非常好。晶面间距 $d=0.42$ nm 与 $d=0.29$ nm 分别与立方结构中的（100）和（110）晶面间距一致，与图 4.20（c）中的快速傅里叶变换（FFT）结合，再一次证明了所制备样品的单晶简立方结构。

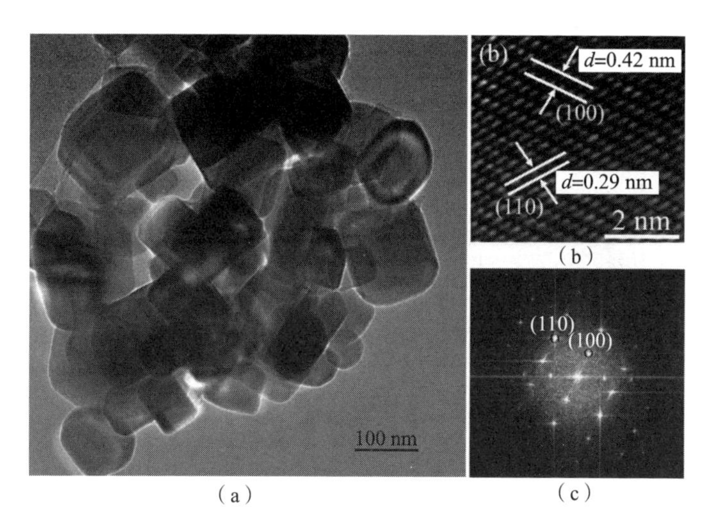

图 4.20　LaB_6 粉末透射电镜照片、高分辨图及傅里叶变换图

（a）LaB_6 粉末透射电镜照片；（b）高分辨图；（c）傅里叶变换图

图 4.21 为 $La_{0.6}Ce_{0.4}B_6$ 粉末的透射电镜照片及能谱分析结果。其中图 4.21（a）是部分颗粒上的明场像，除了展现出立方形貌大颗粒以外还有棱角不太分明的小颗粒，颗粒大小与扫描电镜的观察结果一致。图 4.21（b）为所选单颗粒的 HRTEM 照片，平行排列的晶面族表明样品的结晶度良好。测得的晶面间距 $d=0.42$ nm 与立方结构中的（100）晶面间距一致。图 4.21（c）为快速傅里叶变换图，说明所制备的样品为单晶简立方结构。图 4.21（d）为所选单个颗粒的能谱分析结果，样品当中存在 La、Ce 和 B 元素，与扫描电镜

能谱结果一致，证明了 Ce 元素无序地掺入了 LaB_6 的晶格当中。图谱中的 Cu 元素和 C 元素来自透射电镜测量时所用的 Cu 网和上面的 C 膜，Si 元素和 O 元素可能来自高温固相反应时有微量的石英管渗透进样品表面。

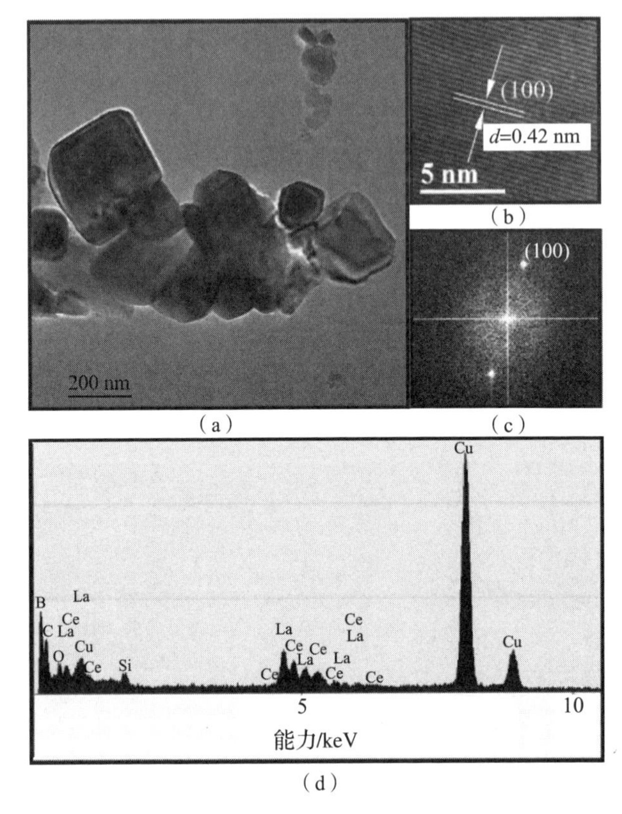

图 4.21　$La_{0.6}Ce_{0.4}B_6$ 粉末的透射电镜照片及能谱分析结果

(a) $La_{0.6}Ce_{0.4}B_6$ 粉末 TEM 图；(b) 高分辨图；
(c) 傅里叶变换图；(d) 能谱分析结果

图 4.22 为 $La_{0.7}Sm_{0.3}B_6$ 粉末的透射电镜照片及能谱分析结果。从图 4.22（a）可见，样品由几十纳米到 200 nm 范围的立方颗粒组成，与扫描电镜结果一致。图 4.22（b）、（c）的傅里叶变换及高分辨结果显示合成的颗粒为结晶情况良好的单晶立方颗粒，平行排列的晶面族（100）面和（110）面的晶面间距分别为 0.42 nm 和 0.29 nm，与 LaB_6 的理论值非常接近。为了验证 Sm 元素是否进入了 LaB_6 的晶格当中，又对选中的单个颗粒做了能谱分析。图 4.22（d）为样品的 EDX 结果，在所选颗粒里发现了 La、Sm 及 B 元素，说明 Sm 元素已经成功地进入了 LaB_6 的晶格当中。图谱中的 Cu 元素和 C 元素来自透射电镜测量时所用的 Cu 网和上面的 C 膜。

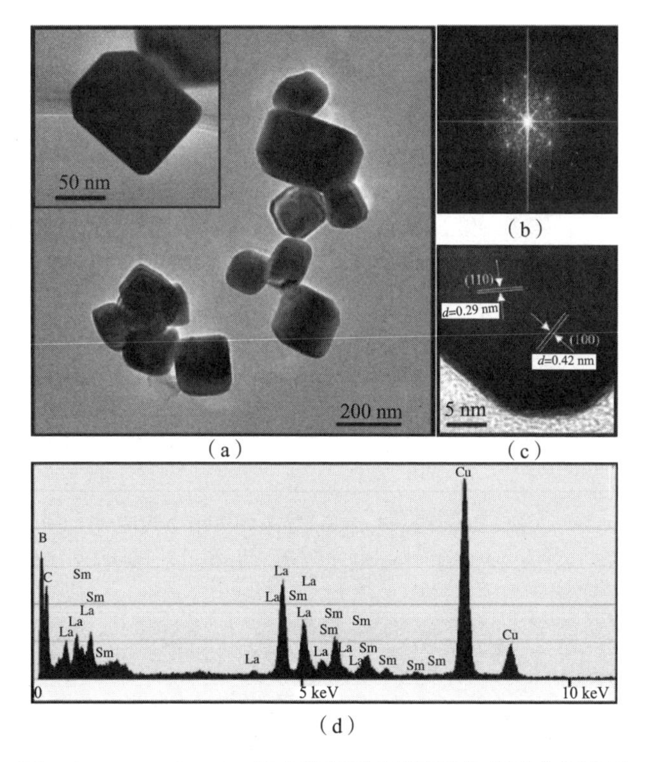

图 4.22　$La_{0.7}Sm_{0.3}B_6$ 粉末的透射电镜照片及能谱分析结果

(a) $La_{0.7}Sm_{0.3}B_6$ 粉末 TEM 图；(b) 傅里叶变换图；
(c) 高分辨图；(d) 能谱分析结果

图 4.23 为 $La_{0.6}Eu_{0.4}B_6$ 粉末的透射电镜图。从图 4.23 (a) 可见，样品由几十纳米大小的立方颗粒组成，有些颗粒棱角分明，与扫描电镜结果一致。图 4.23 (b)、(c) 的高分辨图及傅里叶变换图证明了所选中颗粒的单晶性质。观察到的晶面间距 d = 0.42 nm 和 d = 0.29 nm 分别很好地对应稀土六硼化物的 (100) 面和 (110) 面的晶面间距。为了了解元素掺杂的分布情况，我们对样品做了 HAADF - STEM 及 EDS 分析，如图 4.24 所示。在 HAADF - STEM 模式下观察到的颗粒形貌及大小与扫描电镜的结果一致。图 4.24 (b) 为对图 4.24 (a) 中选定的中间方块区域做的 EDS 图，结果表明此区域里有 La、Eu 及 B 元素存在。为了确定 Eu 元素是否进入 LaB_6 的晶格当中，我们对图 4.24 (a) 里中间方块左下角选定的颗粒做了元素分布分析。结果显示 La、Eu 及 B 元素均匀地分布在此颗粒中，说明 Eu 元素已经进入了 LaB_6 的晶格当中，而不是以 EuB_6 的形式存在。图中的 Cu 元素和 C 元素来自透射电镜测量时所用的铜网和铜网上面的 C 膜。

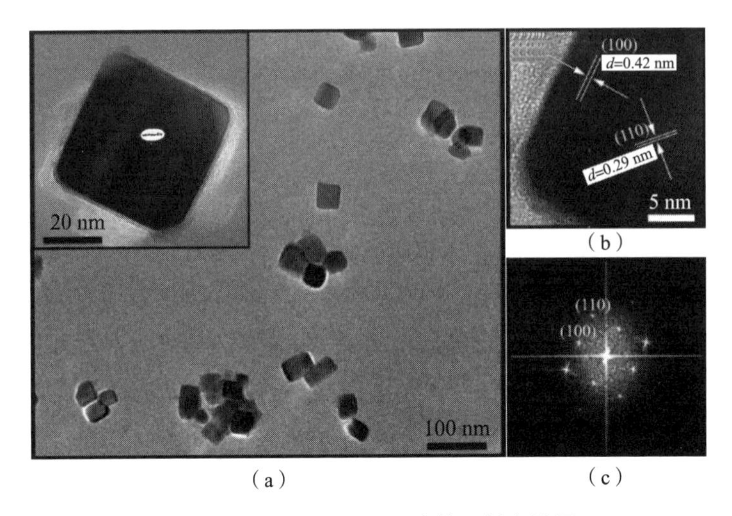

图 4.23　$La_{0.6}Eu_{0.4}B_6$ 粉末的透射电镜图

（a）$La_{0.6}Eu_{0.4}B_6$ 粉末 TEM 图；（b）高分辨图；（c）傅里叶变换图

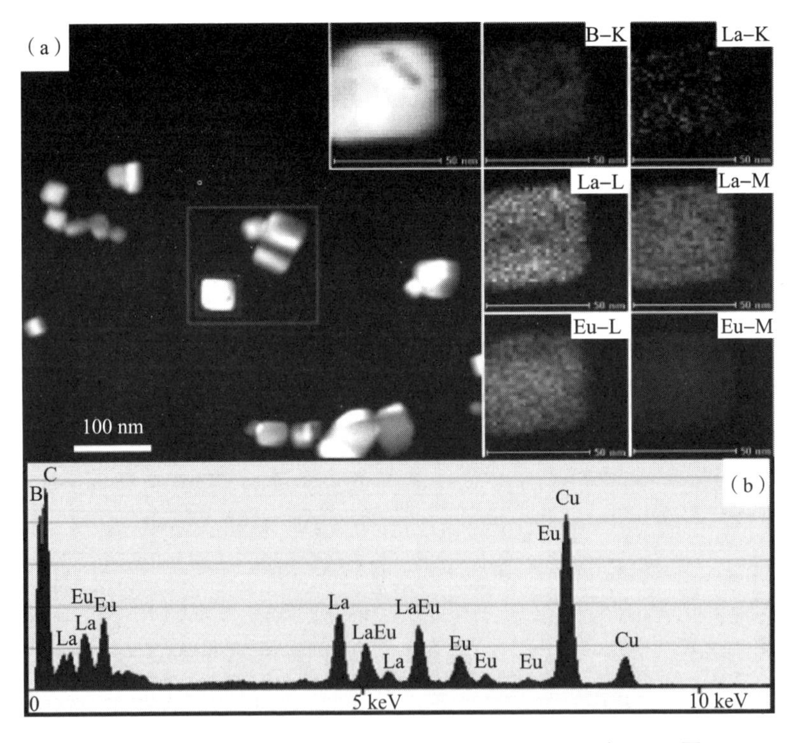

图 4.24　$La_{0.6}Eu_{0.4}B_6$ 粉末的 HAADF – STEM 图和 EDS 图

（a）$La_{0.6}Eu_{0.4}B_6$ 粉末 HAADF – STEM 图；（b）EDS 图

参考文献

[1] JI X H, ZHANG Q Y, XU J Q, et al. Rare - earth hexaborides nanostructures: recent advances in materials, characterization and investigations of physical properties [J]. Progress in solid state chemistry, 2011, 39 (2): 51 - 69.
[2] 周身林，刘丹敏，张久兴．高纯多晶 LaB_6 纳米块体阴极材料的制备及表征 [J]．无机材料学报，2008，23 (6)：1199 - 1204.
[3] BAO L H, WURENTUYA, WEI W, et al. A new route for the synthesis of submicron - sized LaB_6 [J]. Materials characterization, 2014, 97: 69 - 73.
[4] BAO L H, WURENTUYA, WEI W, et al. Chemical synthesis and microstructure of nanocrystalline RB_6 (R = Ce, Eu) [J]. Journal of Alloys and Compounds, 2014, 617: 235 - 239.

第5章
纳米晶稀土六硼化物的光学性质

节能减排是当前社会发展的主旋律之一。在全球气候变暖的威胁下，低能耗、低污染、低排放的低碳经济越来越引起人们广泛的关注。随着这种潮流，汽车和建筑行业也在向着节能环保方向发展。其中汽车和建筑行业所用的高性能透明隔热玻璃起着重要的作用。一方面，目前世界建筑能耗在整个能源消耗中所占比例大概在30% ~40%，而建筑能耗问题在中国尤其严峻，已建成的建筑物90%是不节能的。根据我国新提出的建筑节能目标，需要平均每年新增节能玻璃面积约1.32亿 m^2。另外，我国现在已成为全球汽车销量最大的国家，2020年我国的汽车保有量已超2亿辆。随着汽车行业的迅猛发展和汽车玻璃面积增大，为了降低空调能耗，高透明隔热玻璃的需求量也与日俱增。由此可见，开发低成本高性能的窗用透明隔热材料及其涂层具有重大经济、社会效益和极好的发展前景，是继中空玻璃、Low - E玻璃为代表的节能玻璃之后未来一段时间行业中最耀眼的亮点。

窗用高透明隔热材料可以选择性透过太阳光中的大部分可见光，而对紫外和近红外部分有很强的吸收，从而起到隔热效应，因此被广泛应用于智能建筑和汽车上。目前常用的具有透明隔热性能的材料主要集中在氧化锡锑、氧化铟锡等材料，而这些材料都有一些自身的局限性[1-2]。例如ATO、ITO材料中均含有有毒元素锑或铟，储量匮乏，成本高昂，并且不能高吸收近红外区一部分波长范围的光。因此，寻找透明隔热性能更好的材料是当前非常重要的研究课题。进入21世纪后，随着纳米科技的发展，人们对 RB_6 纳米颗粒的制备和光学性能的研究逐渐多了起来。通过研究，人们发现 RB_6 具有可见光高穿透及近红外高吸收的特点[3-10]。这为稀土六硼化物在隔热材料，特别是在汽车挡风玻璃或建筑玻璃领域的应用开辟了新的道路。从Xiao等人的研究结果看，LaB_6 展现的可见光区高穿透特性与其等离子共振频率有关[11]。LaB_6 的等离子共振峰出现在2.0 eV处，正好与它在可见光区的吸收谷的位置对应。而根据Kimura等人对 RB_6 单晶样品的测量结果，三价 RB_6 的等离子共振峰的位置都非常接近2.0 eV，而混合价态和二价 RB_6 的等离子共振峰出现在更低能量处[12]。

虽然研究者们不管是从理论上还是实验上都对稀土六硼化物纳米颗粒的制备及性能进行了很多研究，但是对三元稀土六硼化物纳米颗粒的研究还鲜有报道。根据上面提到的 Kimura 等人的研究结果，不同价态 RB_6 的等离子共振峰位置有所不同。因此，本章中我们除了研究 RB_6（R = La、Ce、Pr、Nd、Sm、Eu）纳米颗粒的制备及光学性能之外，还在 LaB_6 里掺三价的 Ce 元素、混合价的 Sm 元素以及二价的 Eu 元素，来研究不同价态掺杂对 LaB_6 光学性能的影响，以此来调控 LaB_6 在可见光区吸收谷的位置，这对稀土六硼化物在隔热玻璃、滤光片上的应用有着重要的科研价值和实际意义。

5.1 吸收光谱测量基本原理

5.1.1 吸收光谱

我们知道，纯白色的光是由从紫色到红色的连续光谱组成的。当纯白色的光穿过一个有色宝石后，白光光谱中的一处或多处会出现暗线或暗带等间断情形，这说明一定颜色或波长的光被宝石吸收了。这就是材料对光的特征吸收，宝石显示出来的吸收线或吸收带的特征样式就是一种吸收光谱。吸收光谱指的是物质吸收光子，从低能级跃迁到高能级而产生的光谱。研究吸收光谱可以了解分子、原子和其他很多材料的运动状态和结构，还可以了解它们与粒子或电磁场相互作用的情况。

各种材料由于其自身结构的不同，对电磁波的吸收也会不同，因此每种材料都有自己的特征吸收光谱，据此可对材料进行定性和定量分析，这就是吸收光谱测定法。吸收光谱遵守下述规律：

$$I(\lambda)=I_0(\lambda)e^{-K_\lambda X} \tag{5.1}$$

式中，$I_0(\lambda)$ 为入射光的初始强度；$I(\lambda)$ 为入射光通过厚度为 X 的材料后的强度；K_λ 为与波长有关的一个系数，称其为吸收系数。研究 RB_6 材料时关注的是其紫外、可见和近红外区的吸收光谱，可以由紫外 - 可见 - 近红外分光光度计来测量。

5.1.2 紫外 - 可见分光光度计的结构和工作原理

紫外 - 可见分光光度计是基于材料的特征吸收光谱原理，利用材料分子对紫外及可见光的辐射吸收情况来进行分析的一种仪器。分光光度法的使用基于朗伯 - 比尔定律，它是光吸收的基本定律，因此也称光吸收定律，是分光光度法定量分析的基础和依据。朗伯 - 比尔定律可表述为：当平行单色光入射含有吸光物质的稀溶液时，溶液吸光度与吸光物质的浓度和液层厚度乘

积成正比，即

$$A = kbc \tag{5.2}$$

式中，A 为待测溶液的吸光度；b 为吸光物质的浓度；c 为透光液层厚度；k 为比例系数，与吸光物质本身、入射光波长以及温度等因素有关。如果入射光为非单色光，或待测溶液不均匀，或光束光程不一致，都可能导致实验结果偏离朗伯－比尔定律。

紫外－可见分光光度计由光源、单色器、样品池、检测器以及信号显示系统等主要部件组成，如图 5.1 所示。

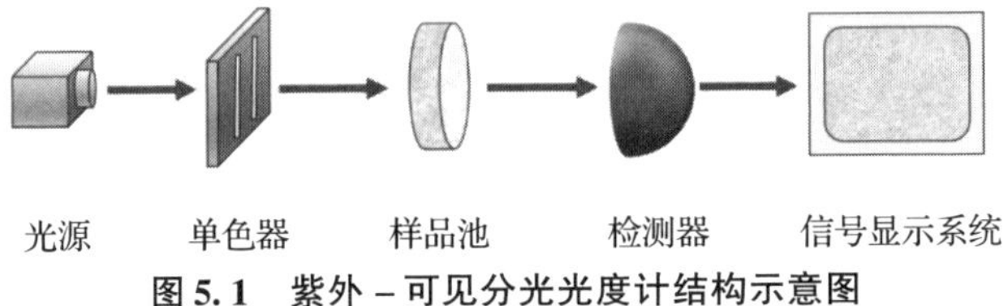

图 5.1　紫外－可见分光光度计结构示意图

常用的光源有气体放电光源（波长范围约 180 ~ 360 nm）和热辐射光源（波长范围约 350 ~ 1 000 nm），其中气体放电光源用于发射紫外光，如氢灯或氘灯，而热辐射光源用于发射可见光，如钨灯或卤钨灯。

单色器主要由入射狭缝、出射狭缝、色散元件和准直镜等部分组成，其功能是将光源产生的复合光分解为所需的单色光束。单色器是分光光度计的心脏部分，其质量的优劣主要取决于色散元件（棱镜和光栅）的质量。

样品池为测量时放置待测样品的装置；检测器指的是将光信号转变为电信号的光电转换器件。测量吸光度时，并非直接测量透过吸收池的光强，而是将光强信号转换为电流信号进行测试。目前的大部分分光光度计采用光电管或光电倍增管作为检测器。

信号显示系统指的是将检测器输出的信号放大，并最后显示出来的装置。图 5.2 为 PerkinElmer Lambda 750S 型紫外－可见分光光度计。

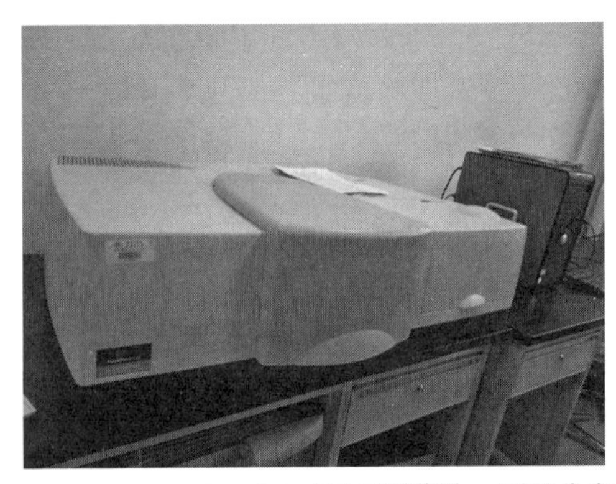

图 5.2　PerkinElmer Lambda 750S 型紫外－可见分光光度计

紫外－可见分光光度计工作时，由光源发出的连续复合光束经过滤光片和球面反射镜后进入单色器的入射狭缝，通过入射狭缝的光束在平面反射镜和准直镜的作用下变成平行光，这些平行光被光栅色散后在出射狭缝前形成连续光谱，被出射狭缝选择性过滤成一定波长的单色光，再经聚光镜聚光之后入射到样品池中的样品上，发生特征吸收后被后面的光电倍增管探测到，并使之转变为电信号。此电信号经放大并用调节器分离及整流，电位器再自动平衡这两个直流信号的比率便可获得所需吸收曲线。

紫外－可见分光光度计有很多优点：灵敏度非常高，而且具有较高的选择性；使用范围较广，能够使用于各种浓度的物质；分析成本非常低；与其他光谱分析方法相比，设备的操作简单，操作规程易于掌握，费用少，分析速度快。因此，紫外－可见分光光度计在材料科学、水质检测、农产品和食品分析、植物生化分析等多领域有广泛的应用，可以做定性和结构分析、定量分析、溶液平衡研究、反应动力学研究等。例如在定量分析方面，广泛用于各种物料中微量、超微量和常微量金属元素和某些有机物的测定；在定性和结构分析方面，可以推断有机物互变异构现象、氢键的强度以及几何异构现象等；在反应动力学研究方面，可用于测定反应级数和反应速度，探讨反应机理；在溶液平衡研究方面，可用于测定络合物的组成、稳定常数和离子常数等。

5.2　二元纳米晶稀土六硼化物的基本光学性质

我们使用 PerkinElmer Lambda 750S 型紫外－可见分光光度计对 RB_6 样品进行光学性质的测试。图 5.3 为 RB_6 薄膜样品的光吸收图谱。从图中可以看出六种样品分别在紫外和近红外区表现出了相对强的吸收，而在可见光区的吸收相对较弱。相比于 LaB_6、CeB_6、PrB_6 及 NdB_6，SmB_6 和 EuB_6 表现出的这种特性不是很明显。Xiao 等人的第一性原理计算结果表明，稀土六硼化物在可见光区的吸收谷的位置与其能量损失谱里等离子共振峰的位置相对应[11]。LaB_6 在可见光区的吸收谷位置在610 nm 左右，与实验中测得的等离子共振峰位置 2.0 eV 一致[12]。CeB_6、PrB_6 及 NdB_6 的可见光区吸收谷位置非常接近 LaB_6 的位置，在稍长波长处出现。SmB_6 的吸收谷位置出现在更长波长720 nm 处，而 EuB_6 吸收谷的位置出现在 800 nm 处。这种趋势基本符合 Kimura 等人测得的能量损失谱实验结果[12]，LaB_6、CeB_6、PrB_6 及 NdB_6 的能量损失谱里第一个峰的位置非常接近，分别在 2.0 eV、1.97 eV、1.94 eV 及 1.92 eV 处。而 SmB_6 及 EuB_6 的此峰位置在更低能量处的1.8 eV 及0.4 eV 处。他们认为此位置跟传导电子的数量有关系，EuB_6 的传导电子数量比 LaB_6 的少很多，因此其等离子共振峰的位置在更低能量处。从图 5.3 中我们还可以发现不仅是等离子共振峰的位置有变化，而且其强度也从 LaB_6 到 EuB_6 依次减小，其原因将在下面的章节中讨论。从这些实验结果中可以看出含有三价稀土原子的 LaB_6、CeB_6、PrB_6 及 NdB_6 适合用作隔热材料，而 SmB_6 和 EuB_6 的隔热性能将十分有限。

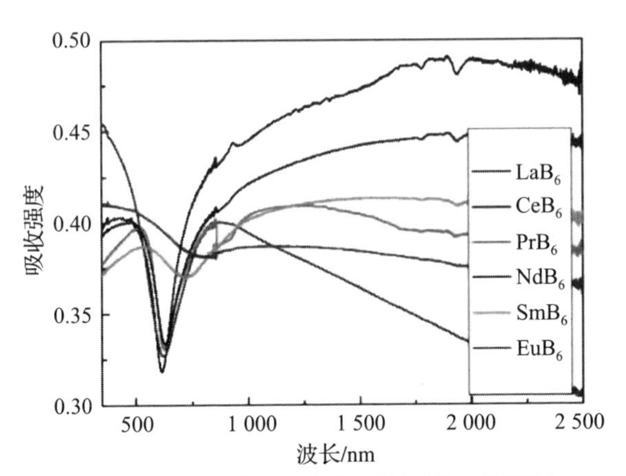

图 5.3　RB_6 薄膜样品的光吸收图谱（见彩插）

5.3　赝二元纳米晶稀土六硼化物的可调控光学性质

图 5.4 为 $La_{1-x}Ce_xB_6$ 薄膜样品的光吸收图谱。从图 5.4 中可以看出四个样品在波长范围大致 500 ~ 760 nm 的可见光区域都表现出很弱的吸收特性，而在近红外区域有很强的吸收。图 5.4 中右上角的小图为可见光区的放大图。当 Ce 掺杂量为 $x=0.2$ 时，吸收谷的位置在 612 nm 处。而当 Ce 掺杂量增加到$x=0.4$、0.6 及 0.8 时，吸收谷的位置分别在 614 nm、616 nm 及 620 nm 处，表明 Ce 元素的掺杂使 LaB_6吸收谷的位置向长波长方向移动，产生了红移现象，但是移动得不是十分明显。这说明在 LaB_6 里掺不同量的 Ce 元素可以在小范围内连续调节 LaB_6 在可见光区的吸收谷位置。而掺杂后吸收谷的位置移动不是很大的原因是 LaB_6 和 CeB_6 的等离子体能量非常接近，掺 Ce 后没有发生很大的变化。

图 5.5 为 $La_{1-x}Sm_xB_6$ 薄膜样品的光吸收图谱。从图 5.5 中可以看出在 LaB_6 里掺 Sm 元素后四个样品都呈现出了可见光区低吸收和近红外区高吸收的特征。随着掺杂量的增大，其可见光区吸收谷的位置往长波长处有了非常明显的移动，$La_{0.7}Sm_{0.3}B_6$、$La_{0.4}Sm_{0.6}B_6$ 及 $La_{0.2}Sm_{0.8}B_6$ 的吸收谷位置分别位于 635 nm、660 nm 及 700 nm 左右。与上面的结果联系能很明显地看出，和 Ce 掺杂相比，掺杂 Sm 元素后吸收谷的位置有了更大幅度的红移，并且吸收

谷的强度也在明显地减小，说明可以通过混合价的 Sm 元素掺杂来调控 LaB_6 纳米颗粒在可见光区的吸收谷位置。

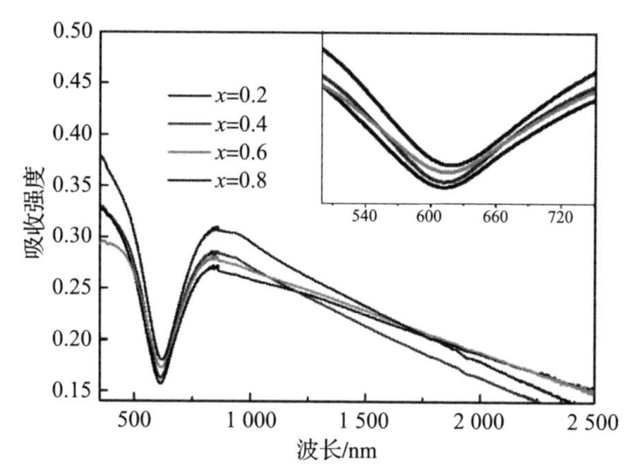

图 5.4 $La_{1-x}Ce_xB_6$ 薄膜样品的光吸收图谱

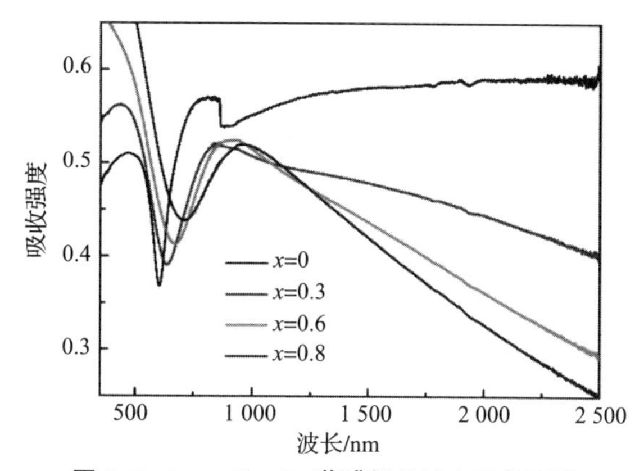

图 5.5 $La_{1-x}Sm_xB_6$ 薄膜样品的光吸收图谱

图 5.6 为 $La_{1-x}Eu_xB_6$ 薄膜样品的光吸收图谱。从图 5.6 中可以看出当 $x=0$ 时 LaB_6 样品的可见光区吸收谷在 610 nm 左右。而随着 Eu 掺杂量的增大，$La_{0.8}Eu_{0.2}B_6$、$La_{0.6}Eu_{0.4}B_6$ 及 $La_{0.2}Eu_{0.8}B_6$ 样品的吸收谷分别红移到了 630 nm、720 nm 及 1 020 nm 处。与掺 Sm 元素相比，吸收谷的红移情况更为明显，$La_{0.2}Eu_{0.8}B_6$ 样品的吸收谷的位置已经移到了近红外区。值得注意的是 $La_{0.8}Eu_{0.2}B_6$样品的吸收谷的位置虽然比 LaB_6 样品发生红移，但是其强度并没有减小。从扫描电镜图看，LaB_6 样品的颗粒度明显大于其他三个样品，因此我们认为这种现象是由于颗粒度大小有明显差别而导致的。关于颗粒度大小对光学性能的影响，我们将在 5.4 节中做专门的讨论。随着掺杂量的进一步增大，吸收谷的强度明显变小。

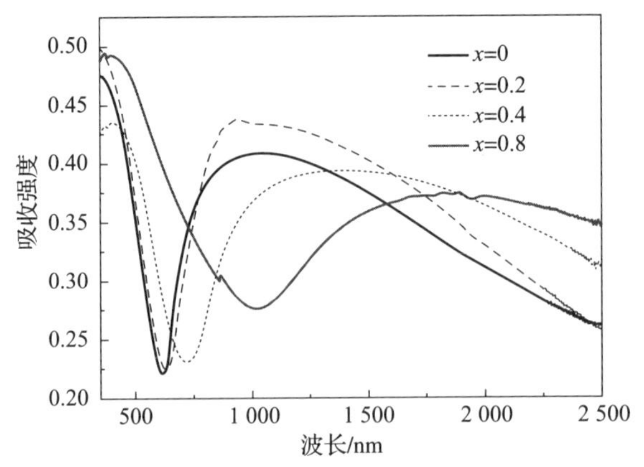

图 5.6　$La_{1-x}Eu_xB_6$ 薄膜样品的光吸收图谱

5.4　纳米颗粒大小及形状对光学性质的影响

从 5.2 节和 5.3 节的实验结果可知，二元稀土六硼化物和三元稀土六硼化物都具有阻挡紫外和近红外光而透过可见光的特性，在建筑物或汽车上用的隔热玻璃或滤光片领域有很大的潜在应用价值。而在实际应用或商业化时，这种阻挡红外光穿透可见光的特性应该达到一个最佳值。许多实验和理论研究结果表明，纳米颗粒的大小和形状对其表面等离子共振模式的数量、位置和强度有着很大的影响[13-14]。因此，研究稀土六硼化物纳米颗粒的大小及形状对其光学性能的影响将有重要的意义。

Adachi 等人采用球磨法将 LaB_6 原料粉末进行颗粒细化，通过不同的球磨时间获得了不同平均颗粒度（十几纳米到 1 000 多纳米）的样品[15]，再将其均匀分散在 PET 薄膜中测试了光学性质。结果表明 LaB_6 颗粒尺寸为 1 000 多纳米的样品在紫外 - 可见 - 近红外区没有表现出任何吸收特性。而当颗粒尺寸减小时样品慢慢在紫外及近红外区有了明显的吸收，并且颗粒尺寸为 80 nm 左右时吸收达到了最强。当颗粒尺寸继续减小时吸收特性反而变弱了。然而他们的米散射理论计算结果显示，随着颗粒尺寸的减小，LaB_6 在近红外区的吸收会一直增强，这与他们的实验结果不符合。他们认为这种实验与理论的不符是因为球磨过程中在 LaB_6 表面形成的 LaO 导致的。针对这一情况，我们用离心机筛选出不同颗粒度的表面没有大量氧化的 LaB_6 粉末，测试其光学性能，并用离散偶极近似（discrete dipole approximation，DDA）法计算不同颗粒大小及形状的 LaB_6 的光学性质，研究颗粒大小和形状对其光学性质的影响。

5.4.1　离散偶极近似法基础

我们在理论研究 RB_6 纳米颗粒的大小及形状对其光学性质的影响时采用

了离散偶极近似法。它是一种计算任意形状的粒子或周期结构的散射或辐射的方法，采取偶极子组成的有限阵列来近似连续的材料。偶极子在光场作用下发生极化，偶极子间通过电场相互作用，求解偶极子的极化度可以获得材料对电磁波的吸收、散射等特性。DDA 能够计算任意形状及尺寸的粒子的吸收、散射及电磁场分布，在计算光与纳米粒子的相互作用方面有较强的优越性[16-18]。

在此方法中，用 N 个可极化的电偶极子立方体阵列来表示纳米颗粒，当光电场作用在这些偶极子之后，偶极子立方体发生极化，极化的立方体又对邻近的立方体产生作用，对整个有限阵列进行自洽计算就会获得材料对光的散射吸收等性质。分别用 α_i 和 $\boldsymbol{r}_i$ 来表示极化率和每个偶极子的位置矢量，其中 $i=1$，2，…，N。在施加一个平面波场的条件下，每个粒子上产生的极化可以表示为[19]

$$\boldsymbol{P}_i=\alpha_i\cdot\boldsymbol{E}_{\mathrm{loc}}(\boldsymbol{r}_i)\tag{5.3}$$

式中，$\boldsymbol{E}_{\mathrm{loc}}(\boldsymbol{r}_i)$ 是 $\boldsymbol{r}_i$ 处的总电场，由入射场以及所有其他 $N-1$ 个偶极子决定。因此局部场 $\boldsymbol{E}_{\mathrm{loc}}(\boldsymbol{r}_i)$ 可以写为

$$\boldsymbol{E}_{\mathrm{loc}}(\boldsymbol{r}_i)=\boldsymbol{E}_{\mathrm{inc},i}+\boldsymbol{E}_{\mathrm{dip},i}=\boldsymbol{E}_0\exp(i\boldsymbol{k}\cdot\boldsymbol{r}_i)-\sum_{j\neq i}\boldsymbol{A}_{ij}\cdot\boldsymbol{P}_j\tag{5.4}$$

式中，$\boldsymbol{E}_{\mathrm{inc},i}$ 为入射场；$\boldsymbol{E}_{\mathrm{dip},i}$ 为所有其他 $N-1$ 个偶极子散射的电磁场；$\boldsymbol{k}$ 和 $\boldsymbol{E}_0$ 分别为波矢及入射辐射的振幅；$\boldsymbol{A}_{ij}$ 为代表所有偶极子间的相互作用的 $3N\times3N$ 矩阵，可以写为

$$\boldsymbol{A}_{ij}\boldsymbol{P}_j=\frac{\exp(ikr_{ij})}{r_{ij}^3}\left\{k^2\boldsymbol{r}_{ij}\times(\boldsymbol{r}_{ij}\times\boldsymbol{P}_j)+\frac{1-ikr_{ij}}{r_{ij}^2}\times[r_{ij}^2\boldsymbol{P}_j-3\boldsymbol{r}_{ij}(\boldsymbol{r}_{ij}\cdot\boldsymbol{P}_j)]\right\}\tag{5.5}$$

式中，$\boldsymbol{r}_{ij}$ 和 r_{ij} 分别为偶极子-偶极子位置差分向量和从偶极子 i 到 j 的大小。

消光截面、吸收截面和散射截面可表示为

$$C_{\mathrm{ext}}=\frac{4\pi k}{|\boldsymbol{E}_0|^2}\sum_{i=1}^{N}\mathrm{Im}(\boldsymbol{E}_{\mathrm{loc},i}^{*}\cdot\boldsymbol{P}_i)\tag{5.6}$$

$$C_{\mathrm{abs}}=\frac{4\pi k}{|\boldsymbol{E}_0|^2}\sum_{i=1}^{N}\left\{\mathrm{Im}[\boldsymbol{P}_i\cdot(\alpha_i^{-1})\boldsymbol{P}_i^{*}]-\frac{2k^3}{3}|\boldsymbol{P}_i|^2\right\}\tag{5.7}$$

$$C_{\mathrm{sca}}=C_{\mathrm{ext}}-C_{\mathrm{abs}}\tag{5.8}$$

我们用离散偶极近似法计算时采用的软件包为 DDSCAT7.3。DDSCAT7.3 是一个开源的 Fortran-90 程序，是由普林斯顿大学的 Draine 和 Flatau 开发的计算各种几何形状和复杂折射率的颗粒对电磁波的散射及吸收的软件[20-21]。消光效率可以写为

$$Q_{\mathrm{ext}}=\frac{C_{\mathrm{ext}}}{\pi a_{\mathrm{eff}}^2}\tag{5.9}$$

式中，a_{eff} 为颗粒的有效半径。

DDSCAT7.3 程序本身包含了球体、立方体等多种基本形状，用户也可以按照自己的要求来编写偶极子阵列，形成所需的形状。在计算时，需要在程序中设定好粒子的形状、有效半径、偶极子阵列数目以及材料的复介电常数文件。本书计算时采用了 Heide 等人测出来的复介电常数[22]。

5.4.2 颗粒大小对 RB_6 光学性质影响的实验研究

我们首先从实验上研究了颗粒大小对 RB_6 光学性质影响，所选体系为 LaB_6。制备 LaB_6 粉末的方法与第 4 章里所用的制备方法相同，采用氧化镧和硼氢化钠作为原料，通过固相反应法合成出了 LaB_6 粉末。由于合成出的 LaB_6 粉末颗粒大小不均匀，因此我们通过离心机来筛选不同颗粒度的样品。把 LaB_6 粉末分散在无水乙醇当中超声分散 30 min，然后放在离心机上 4 000 r/min 下离心 5 min，得到平均尺寸在 100 nm 左右的分散液。然后把离心管底部剩下的样品再用无水乙醇分散，在离心机上 2 000 r/min 下离心 5 min，得到平均晶粒尺寸大约 150 nm 的分散液。用同样的方法，最终在 1 000 rpm 下离心 5 min 得到平均晶粒尺寸在 200 nm 左右的样品。采用 XRD 和 SEM 来表征样品的结构形貌，用紫外 - 可见分光光度计测试了其光学性能。

图 5.7 给出了未筛选前 LaB_6 初级粉末的 XRD 图，样品由单相 LaB_6 颗粒组成，没有发现额外的杂相。图 5.8 给出了筛选出来的三个样品的 SEM 图及相对应的光吸收图谱，平均尺寸为 200 nm、150 nm 及 100 nm 左右的样品分别被记为样品 1、样品 2 和样品 3。从 SEM 图中可以看出，筛选出来的三个样品都由分散性较好的立方颗粒组成，而且颗粒越大，越棱角分明。从吸收图谱看，三个样品都在 600 nm 左右波长处出现吸收谷，而在 1 200 nm 左右的近红外区显示较强的吸收。样品 1 在近红外区的吸收强度最小，而随着颗粒尺寸的减小，近红外区的吸收强度也逐渐增强，样品 3 展现出最强的近红外吸收。这表明小尺寸的 LaB_6 拥有更好的隔热性能。

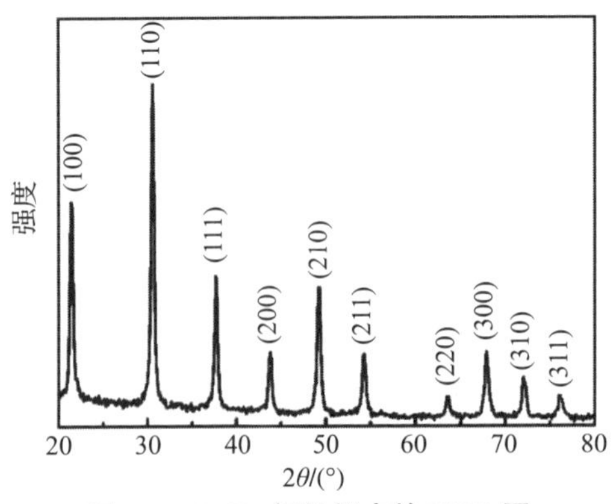

图 5.7 LaB_6 初级粉末的 XRD 图

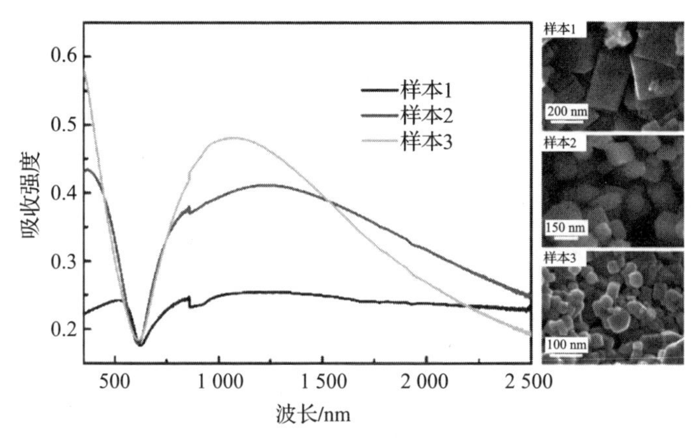

图 5.8　不同颗粒大小的 LaB_6 粉末的 SEM 图与光吸收图谱

值得注意的是我们合成出的样品直接用于光学性能测试，没有经过其他文献中的球磨过程，所以避免了样品表面的大量氧化。然而固相反应法很难精确控制合成颗粒的大小，因此我们将在下面的部分从理论上更深入地研究颗粒大小及形状对其光学性质的影响。

5.4.3　形状尺寸对 RB_6 光学性质影响的理论研究

为了进一步研究颗粒大小及形状对稀土六硼化物光学性质的影响，我们采用离散偶极近似法计算了 LaB_6 和 CeB_6 的光学性质。离散偶极近似法因为可以计算任意形状和构成的多重物质的吸收、散射及电磁场分布，非常适用于计算光与纳米粒子间的相互作用。计算所采用的软件包为 DDSCAT7.3，是一个开源的 Fortran－90 程序，它利用 DDA 算法计算光与任意形状粒子的作用。DDSCAT7.3 程序已经含有球体、椭球体、正四面体、长方体、圆柱体、六角棱柱、三角棱柱等多种颗粒形状。如果需要计算的形状不在里面，可以自己编写形状的偶极子阵列，生成所需形状。具体计算时需要在程序中设置粒子的形状、粒子的有效半径、偶极子数目、粒子随波长变化的复介电常数等。例如下面是计算 LaB_6 时编译的输入文件：

```
    '========== Parameter file for v7.3 =============='
    '**** Preliminaries ****'
    'NOTORQ' = CMDTRQ * 6 (DOTORQ, NOTORQ) -- either do or skip
torque calculations
    'PBCGS2' = CMDSOL * 6 ( PBCGS2, PBCGST, GPBICG, QMRCCG,
PETRKP)-- CCG method
```

```
'GPFAFT' = CMETHD * 6 (GPFAFT, FFTMKL)-- FFT method
'GKDLDR' = CALPHA * 6 (GKDLDR, LATTDR, FLTRCD)-- DDA method
'NOTBIN' = CBINFLAG (NOTBIN, ORIBIN, ALLBIN)-- binary output?
'**** Initial Memory Allocation ****'
100 100 100 = dimensioning allowance for target generation
'**** Target Geometry and Composition ****'
'ELLIPSOID' = CSHAPE * 9 shape directive
50 50 50 = shape parameters 1 -3
1         = NCOMP = number of dielectric materials
'./diel/LaB6_2000' = file with refractive index 1
'**** Additional Nearfield calculation? ****'
0 = NRFLD ( =0 to skip nearfield calc., =1 to calculate nearfield E)
0.0 0.0 0.0 0.0 0.0 0.0 (fract. extens. of calc. vol. in -x, +x, -y, +y, -z, +z)
'**** Error Tolerance ****'
1.00e-5 = TOL = MAX ALLOWED (NORM OF |G >= AC |E >- ACA |X >)/(NORM OF AC |E >)
'**** Maximum number of iterations ****'
2000    = MXITER
'**** Integration limiter for PBC calculations ****'
1.00e-2 = GAMMA (1e-2 is normal, 3e-3 for greater accuracy)
'**** Angular resolution for calculation of <cos>, etc. ****'
0.5 = ETASCA (number of angles is proportional to [(3 + x)/ETASCA]^2)
'**** Wavelengths (micron) ****'
0.3 2.3 100 'LIN' = wavelengths (1st,last,howmany,how = LIN,INV,LOG,TAB)
'**** Refractive index of ambient medium ****'
1.0000 = NAMBIENT
```

```
'**** Effective Radii (micron) **** '
0.1 0.1 1 'LIN' = eff. radii (1st,last,howmany,how = LIN,
INV,LOG,TAB)
'**** Define Incident Polarizations ****'
(0.,0) (1.,0.) (0.,0.) = Polarization state e01 (k along
x axis)
2 = IORTH  ( =1 to do only pol. state e01; =2 to also do
orth. pol. state)
'**** Specify which output files to write ****'
1 = IWRKSC ( =0 to suppress, =1 to write".sca" file for
each target orient.
'**** Specify Target Rotations ****'
0.0.01   = BETAMI, BETAMX, NBETA (beta =rotation around
a1)
0.0.01   = THETMI, THETMX, NTHETA (theta = angle between
a1 and k)
0.0.01   = PHIMIN, PHIMAX, NPHI (phi = rotation angle of
a1 around k)
'**** Specify first IWAV, IRAD, IORI (normally 0 0 0) ****'
0   0   0   = first IWAV, first IRAD, first IORI (0 0 0 to
begin fresh)
'**** Select Elements ofS_ij Matrix to Print ****'
9 = NSMELTS = number of elements of S_ij to print (not
more than 9)
11 12 21 22 31 33 44 34 43 = indices ij of elements
to print
'**** Specify Scattered Directions ****'
'LFRAME' = CMDFRM (LFRAME, TFRAME for Lab Frame or Target
Frame)
1 = NPLANES = number of scattering planes
0. 0. 180. 5 =phi,theta_min, theta_max (deg) for plane A
```

其中 Initial Memory Allocation 下设置初始内存分配；Target Geometry and Composition 下设置需要计算的形状以及偶极子矩阵阵列的大小，如上面文件里的 ELLIPSOID 和 50 50 50 表示由 50 × 50 × 50 = 125 000 个偶极子组成的球形颗粒，而 '. /diel/LaB6_2000' 则指向 diel 文件夹下存放的 LaB_6 的介电函数数据文件；Wavelengths 下输入计算的波长范围；Effective Radii 下输入粒子的有效半径，有效半径指的是与当前粒子体积相同的球形粒子的半径；Refractive index of ambient medium 下设置粒子所处环境介质的折射率等。

DDA 计算直接给出粒子的消光效率 Q_{ext}、吸收效率 Q_{abs} 及散射效率 Q_{sca}。而 $Q_{ext}=\dfrac{\sigma_{ext}}{\pi a^2}$，$Q_{abs}=\dfrac{\sigma_{abs}}{\pi a^2}$，$Q_{sca}=\dfrac{\sigma_{sca}}{\pi a^2}$。其中 σ_{ext}，σ_{abs} 及 σ_{sca} 分别为粒子的消光截面、吸收截面及散射截面，a 为粒子横截面半径。消光截面指的是单位时间内粒子消光的强度与入射光强度之比，吸收截面及散射截面也是相同的道理。消光效率、吸收效率及散射效率就是粒子的消光截面、吸收截面及散射截面与粒子的最大横截面积之比。

为了把计算值与实验值和其他人的米散射理论计算结果做对比，我们画出了 Q_{ext}/a_{eff}、Q_{abs}/a_{eff} 和 Q_{sca}/a_{eff}，其中 a_{eff} 为粒子的有效半径。计算 LaB_6 和 CeB_6 时以 Heide 等人从实验上测得的复介电常数为输入文件，环境介质折射率设置为 1。图 5.9 中给出了不同大小立方 LaB_6 颗粒的 Q_{abs}/a_{eff}、Q_{sca}/a_{eff} 和 Q_{ext}/a_{eff} 随波长的变化。从 Q_{abs}/a_{eff} 的图中可以看出，近红外区的吸收峰随着颗粒度的减小而增强，颗粒尺寸减小到 30 nm 以下时反而有稍微变弱的趋势。从 Q_{sca}/a_{eff} 图看颗粒尺寸在 10 nm 时散射非常微弱，随着颗粒尺寸的增大，散射也在逐渐增大，150 nm 时近红外区的散射达到最强。而颗粒尺寸继续增大时散射又明显减小。Q_{ext}/a_{eff} 中显示的结果其实是 Q_{abs}/a_{eff} 和 Q_{sca}/a_{eff} 的共同效应。当颗粒尺寸减小时，近红外区的消光峰逐渐增强，到 60 nm 时消光峰达到最强。而尺寸继续减小时消光峰又出现了较明显的变弱趋势。此外，消光谱在可见光区的谷随着颗粒尺寸的增大而变窄，根据 Rayleigh 公式，这是因为尺寸增大带来的散射增强导致的。图 5.8 中的实验结果与本计算结果能够较好地吻合。Adachi 等人的米散射理论计算结果显示 LaB_6 在近红外区的吸收和消光随着颗粒度的减小而一致减小，而他们的实验结果却在100 nm 以下显示出了相反的结果[15]。他们认为这种实验与理论上的差别是由于球磨过程中在 LaB_6 表面形成的 LaO 层导致的。而我们的计算结果显示立方形貌 LaB_6 颗粒在 60 nm 尺寸时近红外区消光峰达到了最强，并不是颗粒尺寸越小，消光强度就越大，能够解释 Adachi 等人的实验结果。

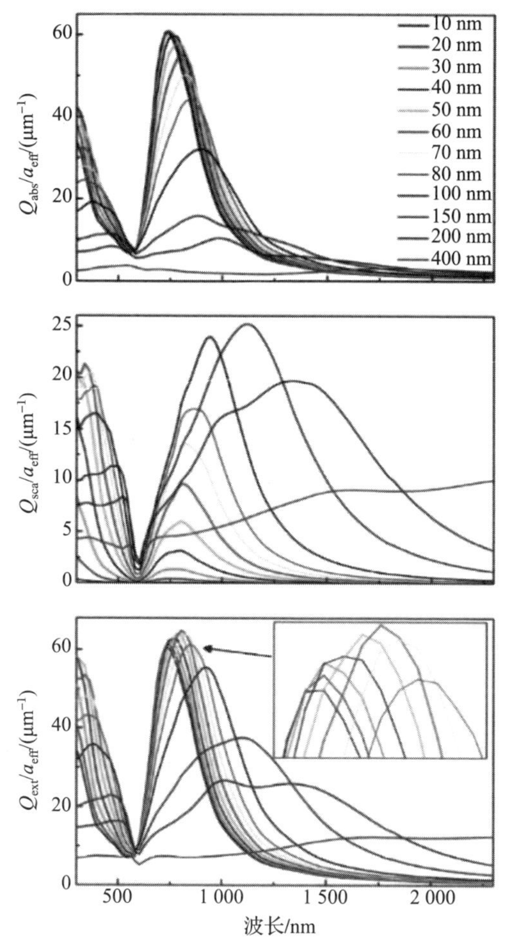

图 5.9　不同大小立方 LaB_6 颗粒的 Q_{ext}/a_{eff}、Q_{abs}/a_{eff} 和 Q_{sca}/a_{eff} 随波长的变化

图 5.10 为不同大小立方 LaB_6 单颗粒的消光截面随波长的变化，从图 5.10 中可以很清楚地看到，在 200 nm 的颗粒尺寸范围内，粒子在近红外区的消光性能随着颗粒尺寸的增大而增强，与图 5.9 中不同尺寸颗粒的 Q_{ext}/a_{eff} 随波长的变化关系明显不同。因此，图 5.9 中 Q_{ext}/a_{eff} 的变化是由于单颗粒随着尺寸增大而增强的消光性能与总的消光里减少的颗粒数目的共同作用。

由于纳米颗粒的形状对其光学性质也有很大的影响，因此为了与立方颗粒作为对比，我们还计算了球形 LaB_6 颗粒的光学性质。图 5.11 为不同大小球形 LaB_6 颗粒的 Q_{ext}/a_{eff}、Q_{abs}/a_{eff} 和 Q_{sca}/a_{eff} 随波长的变化。从图 5.11 中可以看到，球形颗粒的 Q_{ext}/a_{eff}、Q_{abs}/a_{eff} 和 Q_{sca}/a_{eff} 随波长的变化趋势与图 5.9 中立方颗粒的变化趋势相似。不同的地方在于球形颗粒在 40 nm 尺寸的时候近红外区的消光峰达到了最大值，而立方颗粒的最强近红外区的消光峰出现在 60 nm 尺寸处，说明 RB_6 纳米颗粒的形状会对其光学性质产生一定的影响。

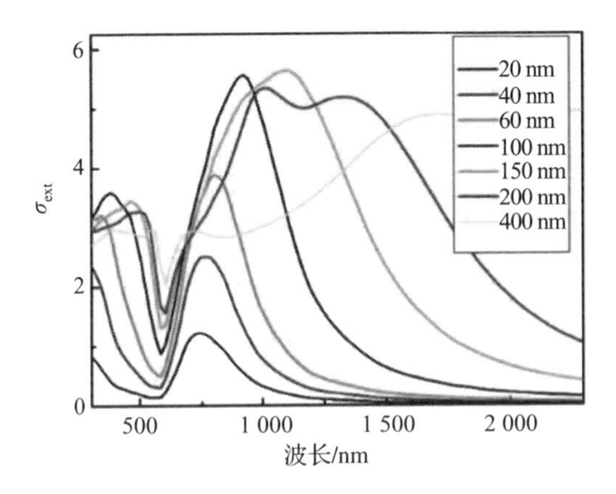

图 5.10　不同大小立方 LaB_6 单颗粒的消光截面随波长的变化

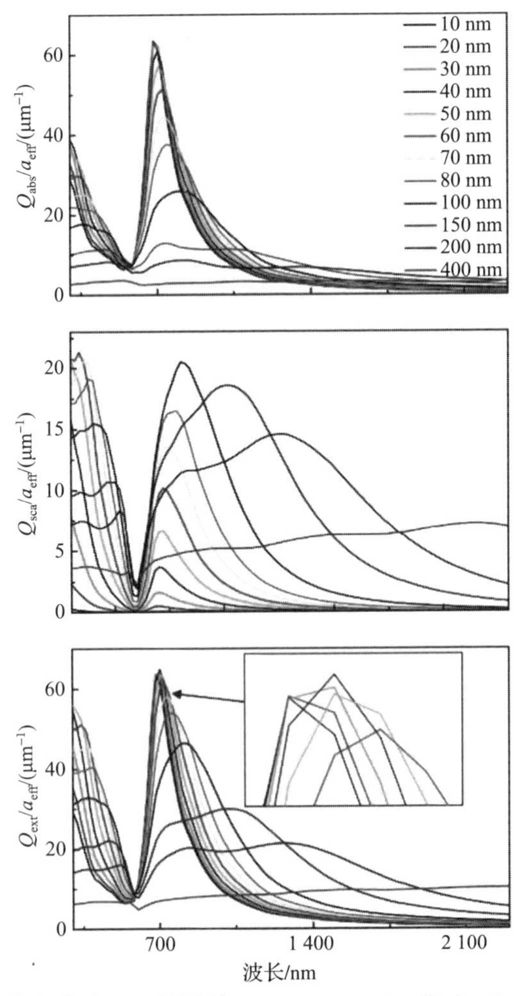

图 5.11　不同大小球形 LaB_6 颗粒的 Q_{ext}/a_{eff}、Q_{abs}/a_{eff}和 Q_{sca}/a_{eff}随波长的变化

为了便于直观地观察，在图 5.12 中画出了不同颗粒尺寸下立方和球形 LaB_6 颗粒的 Q_{ext}/a_{eff} 对比图。从图 5.12 中可以看到，在相同有效半径下立方和球形颗粒表现出了不同的光学响应。20 nm 的时候立方和球形颗粒在近红外区的消光峰强度非常接近，但是立方颗粒的消光峰面积更大。而随着颗粒尺寸的增大，球形颗粒的近红外消光峰强度减小得更快，两种形貌颗粒的消光峰强度及面积的差距越来越大。从以上结果可知，LaB_6 的颗粒尺寸及大小对其光学性能有很大的影响，在相同有效半径尺寸下，立方颗粒比球形颗粒将会表现出更好的隔热性能。

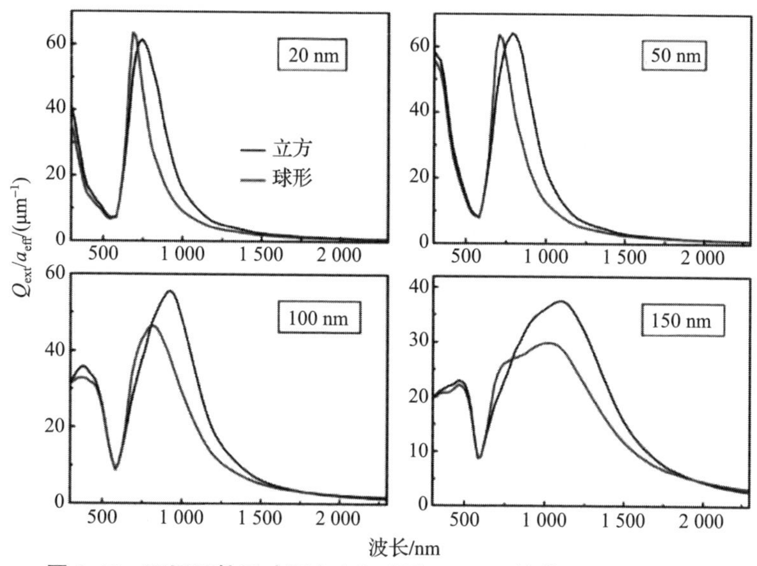

图 5.12　不同颗粒尺寸下立方和球形 LaB_6 颗粒的 Q_{ext}/a_{eff} 对比图

图 5.13 为不同大小立方 CeB_6 颗粒的 Q_{ext}/a_{eff} 对比图。CeB_6 的消光谱与 LaB_6 的大体上相似，近红外区的消光最强峰出现在 50 nm 左右处。图 5.14 为不同颗粒尺寸下立方 CeB_6 与 LaB_6 的 Q_{ext}/a_{eff} 对比图。从图 5.14 中可以看到，CeB_6 在可见光区的消光谷位置比 LaB_6 的消光谷位置稍微发生了红移，这与我们实验中测得的结果相一致。而相对于 LaB_6，在相同尺寸下 CeB_6 的消光峰位置位于更短波长处。

图 5.15 为不同颗粒尺寸下立方和球形 CeB_6 颗粒的 Q_{ext}/a_{eff} 对比图。立方与球形颗粒表现出的特性与 LaB_6 的类似，在相同尺寸下立方颗粒在近红外区表现出更强的消光特性。当电子与电磁场发生相互作用时电子开始相干振荡，而颗粒的形状对此过程会有很大的影响。很多研究指出材料的局部表面等离子体共振模式对尖棱角和不同的对称性很敏感[16,18]。相对于球形颗粒，立方颗粒拥有更多的尖棱角和不同的对称性，因此立方颗粒表现出更好的近红外阻挡性能。

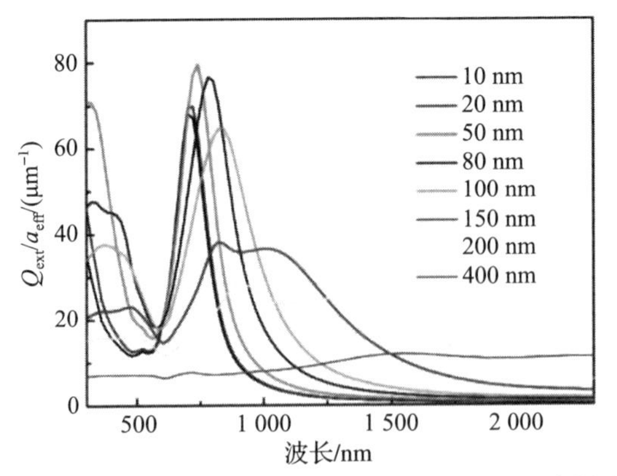

图 5.13　不同大小立方 CeB_6 颗粒的 Q_{ext}/a_{eff} 对比图

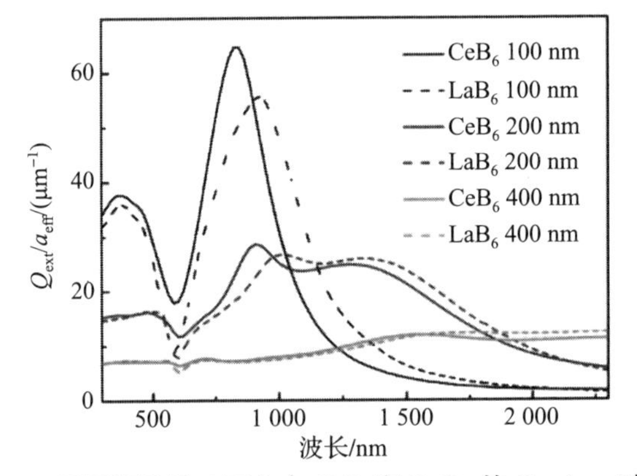

图 5.14　不同颗粒尺寸下立方 CeB_6 和 LaB_6 的 Q_{ext}/a_{eff} 对比图

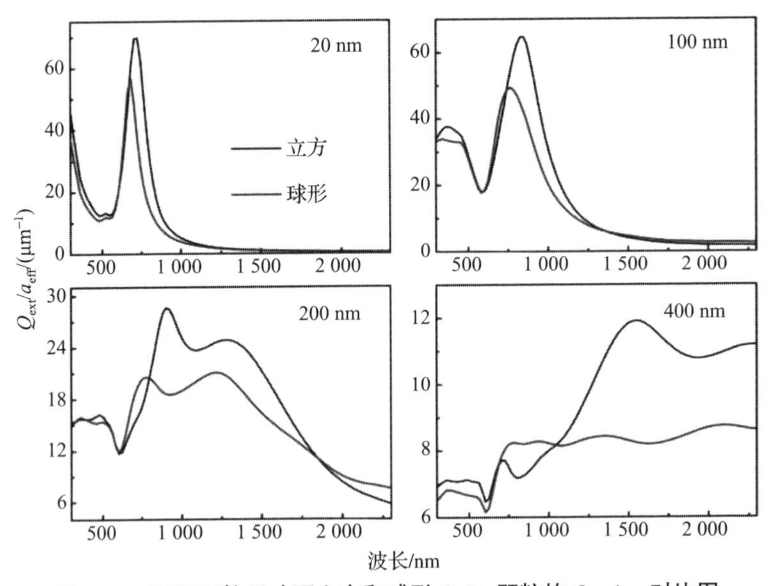

图 5.15　不同颗粒尺寸下立方和球形 CeB_6 颗粒的 Q_{ext}/a_{eff} 对比图

参考文献

[1] MARTÍN – PALMA R J, VÁZQUEZ L, MARTÍNEZ – DUART J M, et al. Silver – based low – emissivity coatings for architectural windows: optical and structural properties [J]. Solar energ materids and solar Ceus., 1998, 53: 55 – 66.

[2] PURVIS K L, LU G, SCHWARTZ A J, et al. Surface characterization and modification of indium tin oxide in ultrahigh vacuum [J]. Journal of the American Chemical Society, 2000, 122: 1808 – 1809.

[3] SCHELM S, SMITH G B. Dilute LaB_6 nanoparticles in polymer as optimized clear solar control glazing [J]. Applied physics letters, 2003, 82 (24): 4346 – 4348.

[4] SCHELM S, SMITH G B, GARRETT P D, et al. Tuning the surface – plasmon resonance in nanoparticles for glazing applications [J]. Journal of Applied Physics, 2005, 97: 124314.

[5] SMITH G B. Nanoparticle physics for energy, lighting and environmental control technologies [J]. Materials forum, 2002, 26: 20 – 28.

[6] FISHER W K, GARRETT P D, BOOTH H D, et al. Infrared absorbing compositions and laminates: US, B2, 6911254 [P]. 2005 – 06 – 28.

[7] FUJITA K, ADACHI K. Master batch containing heat radiation shielding component, and heat radiation shielding transparent resin form and heat radiation shielding transparent laminate for which the master batch has been used: US, B2, 7666930 [P]. 2010 – 02 – 23.

[8] TAKEDA H, KUNO H, ADACHI K. Solar control dispersions and coatings with rare – earth hexaboride nanoparticles [J]. Journal of the American Ceramic Society, 2008, 91 (9): 2897 – 2902.

[9] ADACHI K, MIRATSU M, ASAHI T. Absorption and scattering of near – infrared light by dispersed lanthanum hexaboride nanoparticles for solar control filters [J]. Journal of materials research, 2010, 25 (3): 510 – 521.

[10] YUAN Y F, ZHANG L, HU L J, et al. Size effect of added LaB_6 particles on optical properties of LaB_6/Polymer composites [J]. Journal of solid state chemistry, 2011, 184: 3364 – 3367.

[11] XIAO L H, SU Y C, ZHOU X Z, et al. Origins of high visible light transparency and solar heat – shielding performance in LaB_6 [J]. Appled physics let-

ters, 2012, 101: 041913.

[12] KIMURA S, NANBA T, TOMIKAWA M, et al. Electronic structure of rare - earth hexaborides [J]. Physical review B, 1992, 46 (19): 12196 - 12204.

[13] XIA Y N, XIONG Y J, LIM B, et al. Shape - controlled synthesis of metal nanocrystals: simple chemistry meets complex physics? [J]. Angewandte chemie international edition, 2009, 48 (1): 60 - 103.

[14] WILEY B, SUN Y G, CHEN J Y, et al. Shape - controlled synthesis of silver and gold nanostructures [J]. Mrs. Bulletin, 2005, 30: 356 - 361.

[15] ADACHI K, MIRATSU M, ASAHI T. Absorption and scattering of near - infrared light by dispersed lanthanum hexaboride nanoparticles for solar control filters [J]. Journal of materials research, 2010, 25 (3): 510 - 521.

[16] ZHANG A Q, QIAN D J, CHEN M. Simulated optical properties of noble metallic nanopolyhedra with different shapes and structures [J]. The European physical journal, 2013, 67: 231 - 239.

[17] HERMOSO W, ALVES T V, DE OLIVEIRA C C S, et al. Triangular metal nanoprisms of Ag, Au, and Cu: Modeling the influence of size, composition, and excitation wavelength on the optical properties [J]. Chemical physics, 2013, 423: 142 - 150.

[18] GONZÁLEZ A L, NOGUEZ C. Influence of morphology on the optical properties of metal nanoparticles [J]. Journal of computational and theoretical nanoscience, 2007, 4: 231 - 238.

[19] HERMOSO W, ALVES T V, ORNELLAS F R, et al. Comparative study on the far - field spectra and near - field amplitudes for silver and gold nanocubes irradiated at 514, 633 and 785 nm as a function of the edge length [J]. The European physical journal, 2012, 66: 135 - 145.

[20] DRAINE B T, FLATAU P J. Discrete - dipole approximation for scattering calculations [J]. Journal of the Optical Society of America A, 1994, 11: 1491 - 1499.

[21] DRAINE B T, FLATAU P J. User guide for the Discrete Dipole Approximation Code DDSCAT 7. 3 (2013) .

[22] HEIDE P A M, CATE H W, DAM L M, et al. Difference between LaB_6 and GeB_6 by means of spectroscopic ellipsometry [J]. Journal of physics F: metal physics, 1986, 16: 1617 - 1623.

第6章 稀土六硼化物光学性质的第一性原理研究

材料的组成、结构、性能是材料研究的重点，传统的材料研究以实验室研究为主。但是随着材料科学的发展，材料学研究对象的空间尺度在不断变小。纳米结构、原子像已成为材料研究的重要内容，对很多新兴的重要功能材料甚至需要研究到电子层次，研究难度和成本也越来越高。因此，仅仅依靠实验室的实验来进行材料研究已经难以满足现代新材料研究和发展的要求。然而计算机模拟技术既可以根据有关基本理论，在虚拟环境下从纳观、微观、介观和宏观的不同尺度对材料进行多层次研究，也可以模拟超高温、超高压等极端环境下的材料性能，进而实现新材料的设计和材料性能的改善。第一性原理计算方法就是一种利用计算机对材料进行电子结构和物理性质模拟计算的一种方法。我们采用第一性原理计算了 RB_6 的电子结构及光学特性，探明这些物理现象的机理。

6.1 第一性原理理论基础

随着当今科学的进步，计算机的计算能力也日益强大，计算材料科学成为一个独立的重要的材料研究方法。物质由分子组成，分子由原子组成，原子由原子核和核外电子组成，而电子的状态决定着物质的物理性质。因此，如果知道了物质中电子的状态，那么就能了解其基本物理特征，这时候可以采用第一性原理的计算方法来研究材料的电子结构。第一性原理计算就是从量子力学角度出发，采用一些近似条件来求解系统的薛定谔方程。它把实际的材料看成一个由电子和原子核组成的多粒子系统，计算时只需要知道体系的电子、质子及中子质量，光速等少数实验数据，不需要任何经验参数。

实际材料中的电子数目非常庞大，一般能达到 $10^{23} \sim 10^{24}/cm^3$ 的数量级，系统哈密顿量过于复杂，要对这种多粒子体系的薛定谔方程进行严格求解，从目前自然科学的发展程度来说是不可能完成的，因此必须采取合理的简化和近似才能用于实际材料的计算。

6.1.1 近似方法

引入以下三个假设对处理对象进行简化。

(1) 非相对论近似：对非相对论的定态薛定谔方程进行求解，$\hat{H}\psi = E\psi$，就是不考虑任何相对论效应。也就是说，算符里没有任何相对论项。

(2) 玻恩－奥本海默近似：也称为定核近似，就是把电子的运动与核的运动相对独立开来。其根据是由于原子核的质量远大于电子的质量，运动速度相对电子来说特别慢，因此可以把原子核的状态看成静止的。这种基础上体系的薛定谔方程可被分解为两个方程：原子核的薛定谔方程和电子的薛定谔方程。

(3) 单电子近似：就是着重考虑晶体中的某一个电子，认为此电子在离子实、其余电子以及交换势组成的平均势场中运动，从而把复杂的多电子薛定谔方程转变成了容易求解的单电子方程，只需要知道平均势场就可以。单电子方程的解就是所谓的分子轨道。如果把多电子体系的总波函数写为分子轨道的乘积形式：

$$\psi(x_1, x_2, \cdots, x_N) = P(\varphi_1(x_1)\varphi_2(x_2)\cdots\varphi_N(x_N)) \tag{6.1}$$

由于电子间相互作用，每一个分子轨道仍然是未知待求的函数，为了便于求解，可以简单地利用原子轨道波函数的线性组合表示这个分子轨道：

$$\varphi_i(r) = \sum_j c_{ij}\phi_j(r) \tag{6.2}$$

以上是关于第一性原理计算的三个基本假设，所有的第一性原理的理论都是基于这三个基本假设。

6.1.2 密度泛函理论

密度泛函理论是用电子密度函数取代复杂的多电子波函数作为研究的基本量来处理问题。密度泛函理论的基础是 Hohenberg－Kohn 定理，可以由以下两点来概括。

(1) 在外部势场中，任何一个相互作用着的束缚电子体系的基态电荷密度唯一地决定了这一势场，基态总能量是电荷密度的唯一泛函：

$$E[\Psi(\vec{r}_1, \vec{r}_2, \cdots, \vec{r}_N)] = E[n(\vec{r})] \tag{6.3}$$

(2) 对任何一个相互作用着的多电子体系，基态能量就是总能的电荷密度泛函的最小值。基态能量可以由波函数变分取极小值而得，因而也可由电子密度变分而得。

在此定理的基础上，Kohn 和 Sham 引入了"无相互作用参考系统"的概念，得到了 Kohn－Sham 方程。

$$\left\{-\frac{\nabla^2}{2}-\sum_q\frac{Z_q}{|r-R_q|}+\int\frac{\rho(r)}{|r-r'|}\mathrm{d}r'+V_{XC}(r)\right\}\phi_i(r)=\varepsilon_i\phi_i(r) \tag{6.4}$$

式中左边括号里的第一项为电子的动能；第二项为原子核对电子的吸引能，可以用赝势处理；第三项为电子间的库仑能；第四项为交换关联能，可以用局域密度近似及广义梯度近似处理。

6.1.3　赝势

材料的物理化学性质很大部分上由元素的外层价电子所决定。在多个原子紧密排列形成实际材料时，主要是原子的外层价电子发生各种变化，而内层电子一般保持原状。在原子间成键并产生电荷转移等现象只和价电子有关，内层电子不会参与成键，不具备化学活性，其主要作用是屏蔽原子核的势。因为内层电子使得计算量非常大，对波函数进行求解的时候只考虑价电子部分，把内层电子与原子核看成一个离子实。

在离子实内，越靠近原子核，波函数的变化越激烈，求解波动方程越困难。因此，做第一性原理计算时，一般用一个平缓很多的假想势能来替代离子实内原来的势能，这种在离子实内用来代替剧烈势能的平缓势能就叫赝势（pseudo - potential）。采用赝势以后，由于引入的赝势非常平缓，赝波函数的振荡就不会很激烈，做数值计算时收敛速度就会变得快很多，不需要大量的平面波做基就能够获得比较理想的结果，对处理速度的提升具有非常大的帮助。用赝势后得到的能量本征值不会变化，价电子波函数在离子实外的分布不会变化，它只是“冷冻”内层电子，将内层电子主要作用等效为一个势。

赝势的基本思想可由图6.1表示。以一个简单模型为例，选一个离原子中心 r_c 处的点，对 r_c 点外面的波函数不进行任何处理，只对 r_c 点以内的波函数进行平滑处理。从上面的描述可以看出，r_c 点的取定直接影响计算量的大小和精度。r_c 点取得越小，被改造的部分越小，赝波函数越接近真实的波函数，精度也越高，但是计算量也越大。如果 r_c 点取得很大，那么波函数里的振荡部分减少，计算量变小，但是精度也会下降。赝势及赝波函数是非唯一性的。因此为了解决计算精度与计算量间的矛盾，应该选取最合适的赝势，在满足计算精度的前提下使波函数尽可能地平滑，减少计算量。目前比较成熟、使用最多的赝势是由 Vanderbilt 于 1990 年提出的超软赝势（ultrasoft pseudo - potential）。“软”的概念可以由总能对平面波截断能的收敛性来定义，即达到总能不再改变时所需的截断能越小，可认为赝势越“软”。超软赝势靠定义多参考能量、补偿电荷（augmentation charge）等概念来达到广义的正交条件。为了重建整个总电子密度，波函数平方所得到电荷密度是在核心范围上补以额外的密度。因此电荷密度被分成一个延伸在整个单位晶胞的平滑部分和一个局域化在核心区域的自旋部分。超软赝势产生算法保证了在预先选择的能量范围内会有良好的散射性质，并拥有较高的效率。

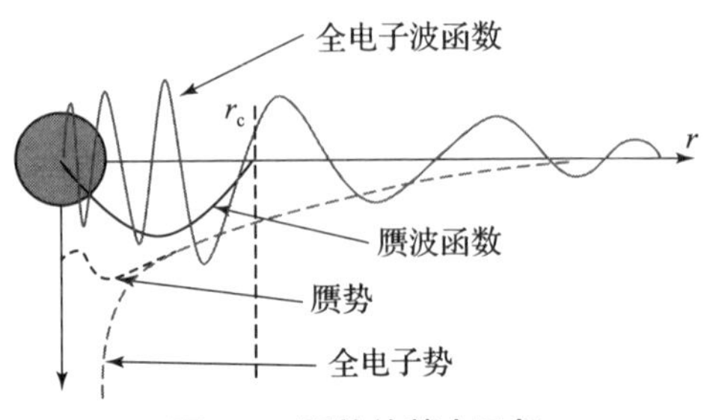

图 6.1　赝势的基本思想

6.1.4　交换关联能

Kohn - Sham 方程（6.4）中的 $V_{XC}(r)$ 项为交换关联能。交换关联能当中的交换能是指由于电子之间交换须满足波函数反对称的约束条件而导致的体系能量的变化量，而关联能是指各种实际体系的真实总能与考虑了交换能近似后得到的总能之差，即其他的所有未知的多体作用都包括在这部分能量中。在密度泛函理论中 $V_{XC}(r)$ 是未知的，因此需要在实际计算中做一些适当的近似。所取的 $V_{XC}(r)$ 的好坏直接决定着计算精度的高低。目前的近似方法主要有局域密度近似和广义梯度近似（generalized gradient approximation，GGA）。

局域密度近似由 Slater 在 1951 年提出，它是在实际计算当中最简单有效的近似。该近似认为交换相关能量泛函仅仅与电子密度在空间各点的取值有关，并且等同于相同密度的均匀电子气：

$$E_{xc} \approx \int n(\vec{r})\varepsilon_{xc}^{0}[n(\vec{r})]\mathrm{d}r \tag{6.5}$$

其中 $\varepsilon_{xc}^{0}[n(\vec{r})]$是相互作用电子体系［密度为 $n(\vec{r})$］中每个电子的多体交换关联能。局域密度近似适用于电荷密度变化缓慢的体系、电荷密度较高的体系以及适用于大多数晶体结构，不适用于电子分布体现出较强定域性、电荷密度分布不均匀的体系。

由于局域密度近似是建立在理想的均匀电子气模型基础上，当遇到电荷密度非常不均匀的体系时计算结果可能不够精确。因此，对电荷密度不均匀的体系，一般在交换相关能中加进电子密度的梯度来提高计算精度，这就是广义梯度近似，可表示为

$$E_{xc}[n] = \int n(r)\varepsilon(n(r))\mathrm{d}r + E_{xc}(n(r)\,|\nabla n(r)|) \tag{6.6}$$

广义梯度近似很好地考虑到了各个区间的不同电子密度对交换关联能的影响，能够解决非均匀体系问题，对局域密度近似做了很好的修正。

6.1.5　CASTEP 软件介绍

我们采用 Material studio 软件包中的 CASTEP 模块计算了 RB_6 的电子结构及光学性质。CASTEP 是由剑桥大学 Mike Payne 教授发布的基于密度泛函理论的从头计算量子力学程序。其研究领域包括半导体、陶瓷、金属、分子筛等晶体材料结构优化及性质研究、表面和表面重构的性质、电子结构（能带、态密度、声子谱、电荷密度、差分电荷密度及轨道波函分析等）、晶体光学性质、点缺陷性质（如空位、间隙或取代掺杂）、磁性材料研究、材料力学性质研究、材料逸出功及电离能计算、STM（扫描隧道显微镜）图像模拟、红外/拉曼光谱模拟、反应过渡态计算、动力学方法研究扩散路径等。

CASTEP 用 LDA 和 GGA 处理电子间的交换关联能，总能量各部分都可由密度函数表示，用赝势处理离子实的势能，用截断能来确定平面波基组数。计算总能量采用 SCF（自洽场）迭代，CASTEP 求解流程如图 6.2 所示。

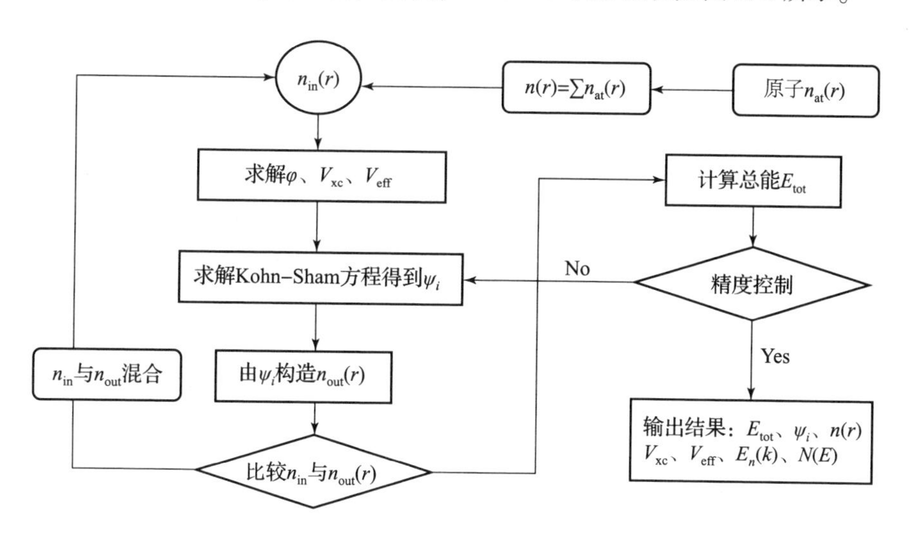

图 6.2　CASTEP 求解流程

CASTEP 计算的时候通常是在周期性重复的超晶胞上进行，只需要输入材料的初始几何结构及原子种类与数目。使用 CASTEP 软件一般有四个步骤。首先设置计算任务，再进行结构优化，接着计算体系的性质，最后分析计算结果。用 CASTEP 发表的科研论文每年有数百篇，它已经成为解决材料科学、固体物理、化学化工中问题的重要手段。

6.2 赝二元 RB_6 光学性质的第一性原理研究

为了弄清其他稀土元素掺杂对 LaB_6 电子结构和光学性能的影响，探明其机理，我们对三元稀土六硼化物的电子结构及光学性质进行了第一性原理计算，所选体系分别为 Sm、Eu 以及 Yb 掺杂的 LaB_6。考虑到稀土元素含有强关联特性的 $4f$ 外层电子，我们在计算中采用了俄罗斯金属研究所的 Anisimov 等人主创的 LSDA + U 方法[1-4]。根据其他文献[5-7]，LSDA + U 方法非常适用于计算稀土六硼化物。

LSDA + U 方法的主要计算思路是：首先将所计算体系的轨道分隔成两个部分，可以用一般的 DFT（离散傅里叶变换）算法（如 LSDA、GGA）比较准确地描述其中的一部分，而另外一部分则是定域在原子周围的 d 或者 f 电子轨道，这些轨道不能用标准的 DFT 方法准确描述。因此对于 d 或者 f 轨道，采用 Hubbard 模型计算能带，而其他轨道仍然采用 Kohn – Sham 方程来求解。此时采用一个和轨道占据以及自旋相关的有效 U 来表示 d 轨道或 f 轨道上电子间的关联能。在整体计算过程中把原来 DFT 计算已经包含的部分关联能扣除掉，用一个和 d 轨道或者 f 轨道直接相关的分裂势的微扰项 U 来代替，而可以采用一般微扰理论计算这部分关联能。

1. $La_{0.875}Sm_{0.125}B_6$

为了更好地描述 Sm 原子中 $4f$ 电子之间的强关联性。我们利用 LSDA + U 方法对 $La_{0.875}Sm_{0.125}B_6$ 的态密度（DOS）、介电函数和电子能量损失（EEL）谱进行了计算。原子内相关能参数 U 值取为 7 eV。通过将平面波截止能量设为 550 eV，实现了总能量的收敛。自洽计算过程中的收敛标准为 10^{-6} eV/原子，作用在电子上的力不大于 0.03 eVÅ^{-1}。采用 $8\times8\times8$ 的 Monkhorst – Pack 型高对称特殊 K 点网格计算电子结构，计算光学性质进一步增加到 $12\times12\times12$。在光学性能计算的高斯展宽为 0.5 eV。

稀土六硼化物属于 CsCl 型立方结构，空间群为 $Pm\bar{3}m$(No. 221)，其中稀土 R 原子处在 $1a$(0, 0, 0) 位置，而 B 原子处在 $6f$(z, 0.5, 0.5) 位置，z 为内部坐标参数，决定 B 八面体内部的 B – B 原子和两个八面体间最近 B – B 原子的距离比（图 1.1 中 BB1 和 BB2 键）。对 LaB_6 的计算在单胞结构上进行，而对 Sm 掺杂 LaB_6 的计算在 $2\times2\times2$ 的超胞上进行（图 6.3）。计算过程中首先建立 $2\times2\times2$ 的 LaB_6 超胞，然后再把部分 La 原子用 Eu 原子替换掉。建立 LaB_6 单胞及超胞时晶格常数取实验值 4.154 9 Å，z 取 0.199 1[8-9]。最终计算所建立的 LaB_6、$La_{0.875}Sm_{0.125}B_6$ 的模型，见图 6.3。

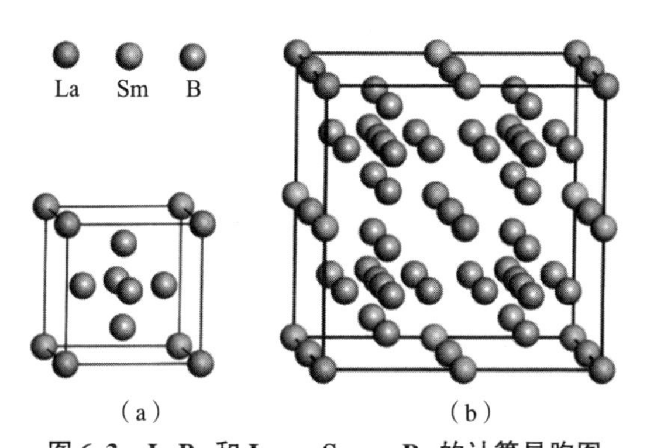

图 6.3　LaB_6 和 $La_{0.875}Sm_{0.125}B_6$ 的计算晶胞图

(a) LaB_6 的计算晶胞图；(b) $La_{0.875}Sm_{0.125}B_6$ 的计算晶胞图

图 6.4 为 $La_{0.875}Sm_{0.125}B_6$ 的态密度图，可看出价带顶（VBs）和导带底（CBs）分别主要由 B $2p$、La $5d$ 和 Sm $4f$ 态组成。在我们的计算结果中，Sm 原子的 $4f$ 态分离为 $4f$ 5/2 和 $4f$ 7/2 两个态，其相对能量差 7 eV 与 SmB_6 中的 7~8 eV 一致[10]。同时，VBs 中的 $4f$ 5/2 态与 B 的 $2p$ 态杂交，CBs 中的 $4f$ 7/2 态与 La 和 Sm 的 $5d$ 态杂交。

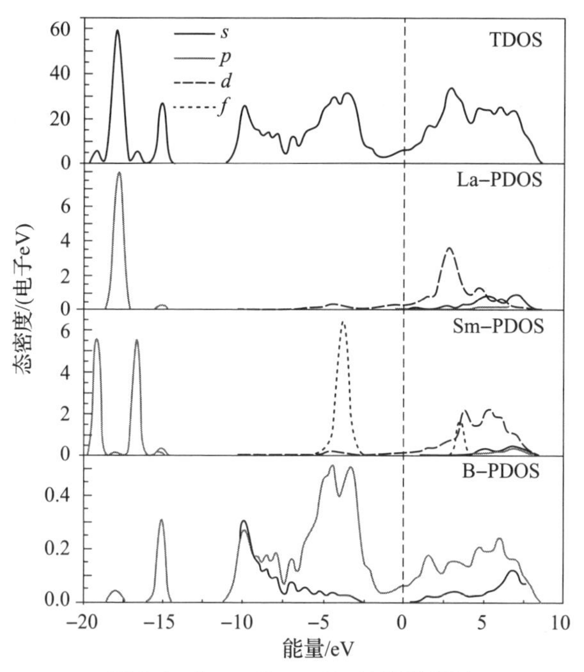

图 6.4　$La_{0.875}Sm_{0.125}B_6$ 的态密度图

对光学性质的第一性原理计算不仅能理解材料的光学性质，从中还可以获得其电子结构发生变化的信息。在线性响应范围内，材料的宏观光学性质一般由复介电函数来描述：

$$\varepsilon(\omega)=\varepsilon_1(\omega)+i\varepsilon_2(\omega) \tag{6.7}$$

从介电函数可以看出材料对电磁波辐射的线性响应程度，它决定了电磁波在材料中的传播行为，是一个非常重要的光学参数。而 CASTEP 计算光学性质就是从介电函数开始算。介电函数的虚部 $\varepsilon_2(\omega)$ 是材料光学性质的基本因素，可以从多电子波函数直接求得，而介电函数的实部可以通过 Kramers - Kronig 变换得到[11]：

$$\varepsilon_2(\omega)=\frac{2\pi^2e^2}{\Omega\varepsilon_0}\sum_{i\in c,f\in v}\sum_k\left|\langle\Psi_k^c\hat{\mu}\cdot r|\Psi_k^v\rangle\right|^2\delta[E_k^c-E_k^v-\eta\omega] \tag{6.8}$$

$$\varepsilon_1(\omega)=1+\left(\frac{2}{\pi}\right)\int_0^{\infty}\mathrm{d}\omega'\frac{\omega'^2\varepsilon_2(\omega')}{\omega'^2-\omega^2} \tag{6.9}$$

而其他光学常量如反射率 $R(\omega)$、吸收系数 $\alpha(\omega)$、折射率 $n(\omega)$ 和能量损失谱 $L(\omega)$ 等都可以从 $\varepsilon_2(\omega)$ 和 $\varepsilon_1(\omega)$ 推导出[12-14]：

$$R(\omega)=\left|\frac{\sqrt{\varepsilon_1(\omega)+\mathrm{j}\varepsilon_2(\omega)}-1}{\sqrt{\varepsilon_1(\omega)+\mathrm{j}\varepsilon_2(\omega)+1}}\right|^2 \tag{6.10}$$

$$\alpha(\omega)=\sqrt{2}\omega[\sqrt{\varepsilon_1^2(\omega)+\varepsilon_2^2(\omega)}-\varepsilon_1(\omega)]^{1/2} \tag{6.11}$$

$$n(\omega)=[\sqrt{\varepsilon_1^2(\omega)+\varepsilon_2^2(\omega)}+\varepsilon_1(\omega)]^{1/2}/\sqrt{2} \tag{6.12}$$

$$L(\omega)=\varepsilon_2(\omega)/[\varepsilon_1^2(\omega)+\varepsilon_2^2(\omega)] \tag{6.13}$$

由于稀土六硼化物的晶体结构具有立方对称性，所以其光学性质是各向同性的。为了确定我们计算结果的正确性，我们首先计算了纯 LaB_6 的介电函数。在图 6.5 中给出了计算所得的 LaB_6 介电函数的实部和虚部与实验值的比较，实验值来自 Sato 等人的实验结果[15]。从图中可以看出我们的计算结果与实验值很好地吻合，说明计算所采用的方法是合理的。

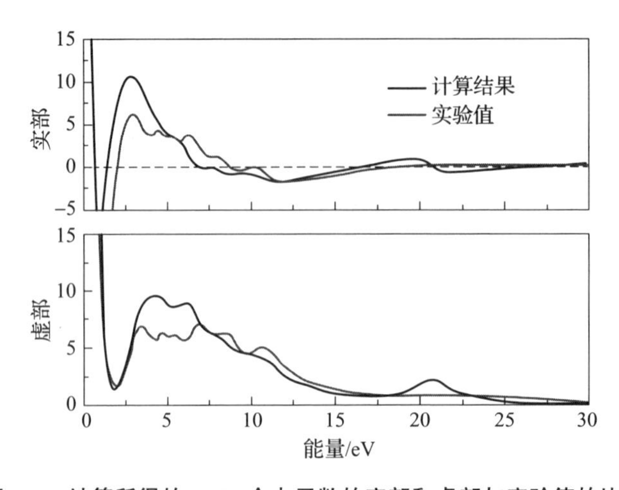

图 6.5　计算所得的 LaB_6 介电函数的实部和虚部与实验值的比较

图6.6为$La_{0.875}Sm_{0.125}B_6$介电函数的实部和虚部。$\varepsilon_2(\omega)$的第一个峰值（峰A）归因于电子从VBs到CBs的跃迁。B峰和C峰是由价带中B 2*p*与稀土4*f*和5*d*之间的跃迁引起的。LaB_6与Sm掺杂LaB_6在DOS上的差异来自近费米面4*f*态的贡献。

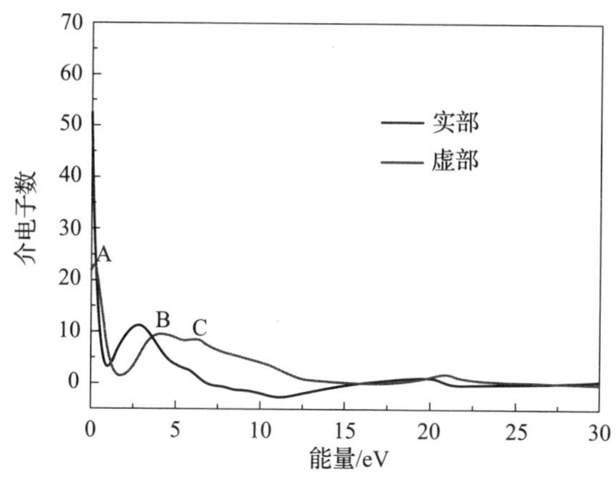

图6.6　$La_{0.875}Sm_{0.125}B_6$介电函数的实部和虚部

电子能量损失谱描述了电子在材料中快速穿越时的能量损失情况。低能量损失区的峰值与等离子体共振相关，其峰值位置对应于相关等离子体频率ω_p。一般来说，吸收光谱的急剧下降与材料的等离子体频率相对应。当入射光的能量接近等离子共振频率时，材料表现出较弱的反射和吸收。图6.7为计算所得的$La_{0.875}Sm_{0.125}B_6$能量损失谱，三个主峰来源于等离子体激元。根据Kimura等人的研究结果[16]，1.92 eV处的峰归因于传导电子的等离子激发，而16.3 eV处的峰可归因于由B 2*s*和2*p*态和Sm原子的4*f* 5/2态组成的价带电子的等离子激发。26.4 eV处的峰可归因于5*p*态电子的跃迁或激发。结合Xiao等人的研究结果[17]，我们可以得出$La_{0.875}Sm_{0.125}B_6$的等离子体能量为1.92 eV。该能量值小于Xiao等人计算的LaB_6的等离子体能量值，与图5.5中吸收谷位置的变化一致。这是因为SmB_6的传导电子数目小于LaB_6的传导电子数目。由于La原子是三价的，而B 2*p*层是通过每摩尔接收两个电子来填充，因此LaB_6中的传导电子数为每晶胞一个。然而，由于SmB_6的混合价态特性，其每晶胞中的传导电子数被认为是0.6～0.7。SmB_6中Sm^{2+}和Sm^{3+}的比值约为4∶6，随温度的变化较弱（300 K时Sm离子在SmB_6中的平均价约为2.59）[18]。

2. $La_{0.625}Eu_{0.375}B_6$

计算$La_{0.625}Eu_{0.375}B_6$时采用周期性边界条件，将原胞当中的价电子波函数用平面波基组展开，离子实与价电子之间的相互作用势采用超软赝势来描

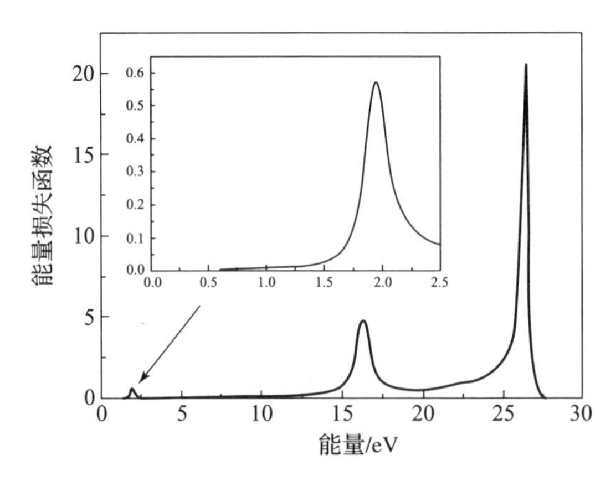

图 6.7　计算所得的 $La_{0.875}Sm_{0.125}B_6$ 能量损失谱

述[19]，采用 PBE 提出的广义梯度近似描述交换关联能[20]。选用 La 的 $5p$ $5d$ $6s$ 态、Eu的 $4f$ $5p$ $6s$ 态及 B 的 $2s$ $2p$ 态为外层电子，把其他电子视为原子核的一部分。倒易空间中的价电子平面波截断能量取 600 eV，自洽计算过程中的收敛标准为 10^{-6} eV/原子，作用在电子上的力不大于 0.03 eV · Å^{-1}。采用 Monkhorst - Pack 型高对称特殊 K 点方法进行全布里渊区域的求和。计算电子结构时 K 点取 12 ×12 ×12，计算光学性能时 K 点取 24 ×24 ×24。在我们的计算中对 Eu 元素采用的 U 值为 9 eV。

对 LaB_6 和 EuB_6 的计算在单胞结构上进行，而对 Eu 掺杂 LaB_6 的计算在 2 ×2 ×2 的超胞上进行。计算过程中首先建立 2 ×2 ×2 的 LaB_6 超胞，然后再把部分 La 原子用 Eu 原子替换掉。建立 EuB_6 单胞时晶格常数取实验值 4.19 Å，z 取 0.204 3[21]。最终计算所建立的 LaB_6、$La_{0.625}Eu_{0.375}B_6$ 及 EuB_6 的模型，如图 6.8 所示。结构优化后得到的 LaB_6、$La_{0.625}Eu_{0.375}B_6$ 及 EuB_6 的晶格常数分别为 4.184 Å、4.146 Å 及 4.162 Å，与初始值的最大偏差小于 0.7%，说明计算时所选择的赝势和交换关联近似是合理的。

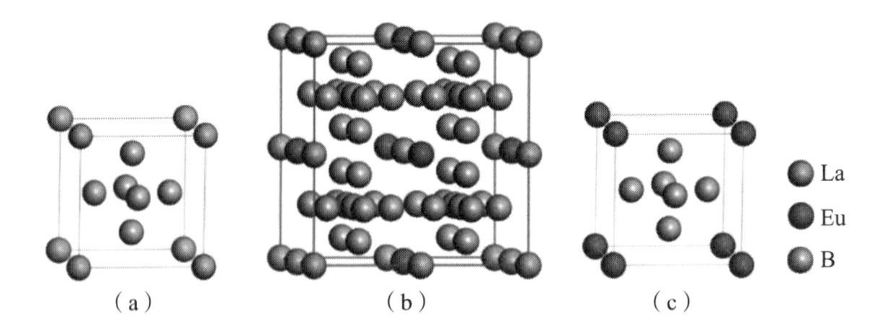

图 6.8　LaB_6、$La_{0.625}Eu_{0.375}B_6$ 及 EuB_6 的计算晶胞图

(a) LaB_6 的计算晶胞图；(b) $La_{0.625}Eu_{0.375}B_6$ 的计算晶胞图；(c) EuB_6 的计算晶胞图

对能带结构及电子态密度的分析可以帮助人们从微观层次上分析材料的物理化学性质。图 6.9 为计算得到的 LaB_6、$La_{0.625}Eu_{0.375}B_6$ 及 EuB_6 的能带结构图，费米能级位于 0.0 eV 处。由于理想状态的 LaB_6 没有磁性，因此计算时对 LaB_6 没有进行自旋极化设置。从图 6.9 中可以看出，LaB_6 的能带在布里渊区的高对称点 X 上以及 M－Γ 方向上有一条能带穿过费米面，说明 LaB_6 属于金属性化合物，这与其他计算结果一致[5,17]，没有看到价带导带相互交叠的情况。EuB_6 的自旋向上的能带在费米面上方，而其自旋向下的能带在布里渊区的高对称点 X 处有一小部分穿过费米面。对 LaB_6 掺 Eu 后能带密度明显增大，产生了杂质能级，有多条能带穿过费米面，显示金属特性。

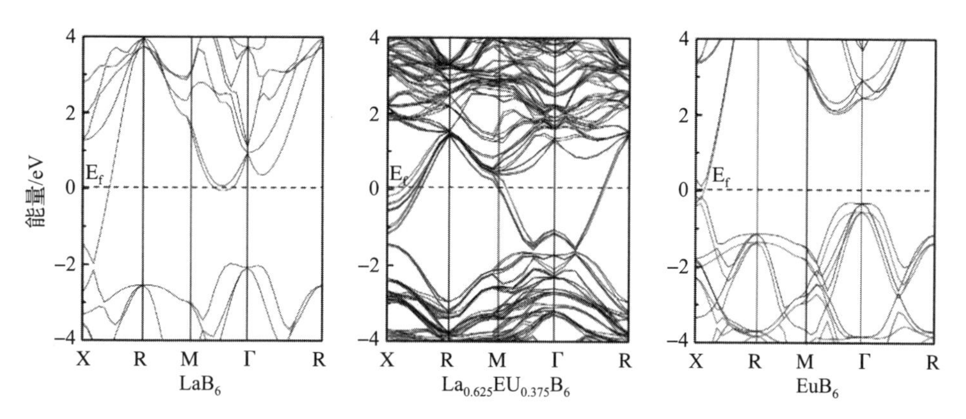

图 6.9　计算得到的 LaB_6、$La_{0.625}Eu_{0.375}B_6$ 及 EuB_6 的能带结构图

图 6.10 为 LaB_6、$La_{0.625}Eu_{0.375}B_6$ 及 EuB_6 的总态密度和分态密度图。从图 6.10 中可见，三个样品在 －10 eV 以下的低能量区的态密度主要来自稀土元素的 6*s* 5*p* 态以及 B 元素的 2*p* 态的贡献。LaB_6 在费米面附近的态密度主要来自 La 的 5*d* 态和 B 的 2*p* 态，La 的 5*d* 态和 B 的 2*p* 态在导带底部发生杂化，并且共同穿过费米能级。而 EuB_6 与 LaB_6 相比，在态密度中多了 4*f* 电子态，其费米面附近的态密度主要来自价带顶部高度局域化的 Eu 4*f* 态及 B 2*p* 态和导带底部的 Eu 5*d* 态及 B 2*p* 态。EuB_6 在费米能级上的态密度 N（E_f）明显小于 LaB_6 在费米能级上的态密度，与其他计算结果一致[5]。而 $La_{0.625}Eu_{0.375}B_6$ 的态密度则综合了 LaB_6 和 EuB_6 态密度的特征，其费米面附近的态密度主要来自 La 5*d* 态、Eu 5*d* 4*f* 态及 B 2*p* 态。图 6.11 为 $La_{0.625}Eu_{0.375}B_6$ 的自旋极化态密度，可以很明显地看出总态密度中自旋向上和自旋向下的态密度不对称，表明 $La_{0.625}Eu_{0.375}B_6$ 具有磁性，与能带计算结果一致。其中不对称的部分主要来自 Eu 的分态密度。

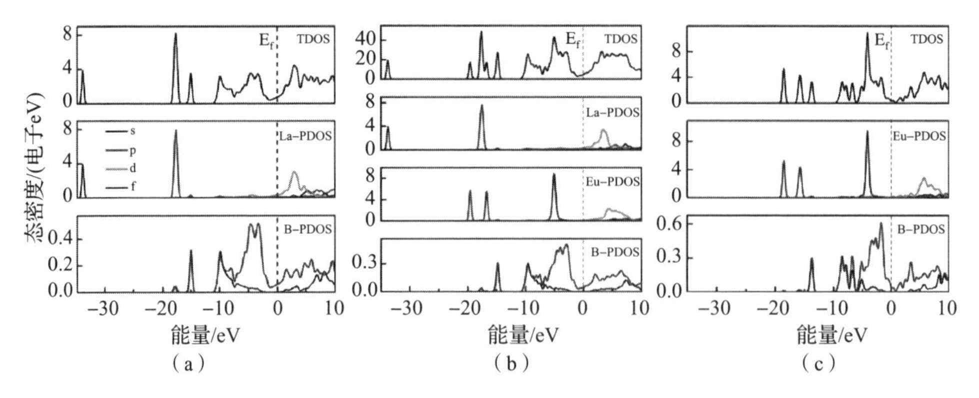

图 6.10　LaB_6、$La_{0.625}Eu_{0.375}B_6$ 及 EuB_6 的总态密度和分态密度图

(a) LaB_6；(b) $La_{0.625}Eu_{0.375}B_6$；(c) EuB_6

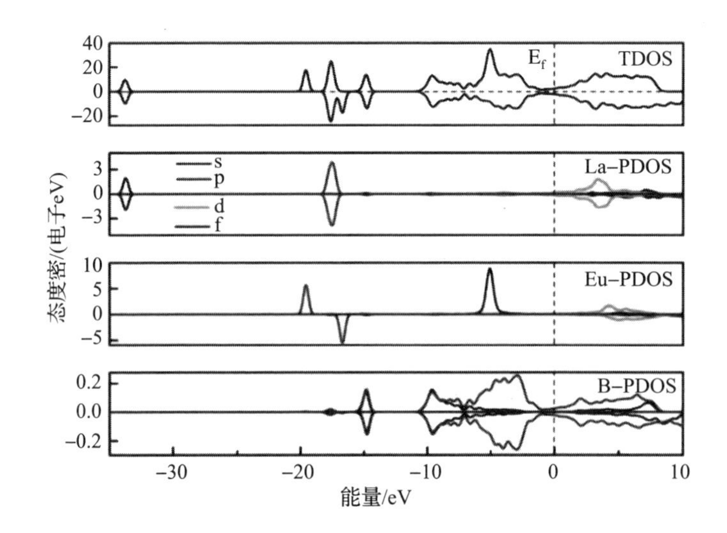

图 6.11　$La_{0.625}Eu_{0.375}B_6$ 的自旋极化态密度

图 6.12 为计算所得的 $La_{0.625}Eu_{0.375}B_6$ 介电函数的实部与虚部。介电函数的虚部在 30 eV 以下能量范围内出现了两个明显的峰。与电子结构计算结合可知其中位于低能量处 4 eV 左右的峰来自电子在 B 的 $2p$ 态与 La 和 Eu 的 $5d$ $4f$ 态间的跃迁。需要注意的是，介电函数中的峰不是单一能级间的跃迁，而是电子在多个能级中的直接或间接跃迁。

图 6.13 为 $La_{0.625}Eu_{0.375}B_6$ 的反射率、吸收系数和能量损失谱。反射率和吸收系数在大约 1 ~ 2 eV 的低能量处呈现 "V" 形。随着能量的继续增大，在 10 eV 左右出现很大的峰，并在 15 eV 左右出现极小值。能量损失谱分别在 1.06 eV、12.95 eV 及 22.61 eV 处出现了三个峰。能量损失谱的峰与材料的等离子体振荡相关。介电函数的实部从小于零到大于零转变的 $\varepsilon_1(\omega)=0$ 位置，

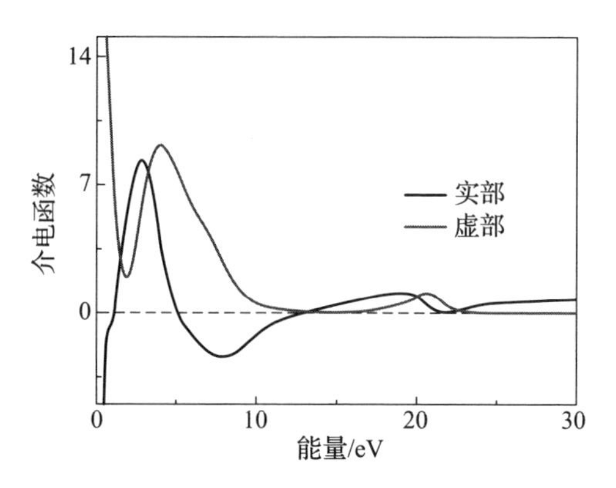

图 6.12　计算所得的 $La_{0.625}Eu_{0.375}B_6$ 介电函数的实部与虚部

相应的振荡频率就是等离子体共振频率，而就在此点上能量损失谱会出现峰。把计算得到的能量损失谱的峰位与图 6.12 中的介电函数实部比较，就可以发现这一点。根据文献［16］，第一个峰可归因于载流子电子的体等离子激发，第二个峰可归因于价带电子中 B 2p 2s 和 Eu 4f 电子的等离子振荡，第三个峰可归因于 5p 电子到导带的跃迁。我们从图 6.13 中可以发现能量损失谱峰出现的位置，反射率和吸收系数都出现了急剧下降的趋势。因此，稀土六硼化物在可见光区展现的低吸收与能量损失谱里的第一个等离子共振峰有关。图 6.14 为计算得到的 LaB_6、$La_{0.625}Eu_{0.375}B_6$ 及 EuB_6 的低能量区能量损失谱的对比。其等离子共振峰分别位于 1.52 eV、1.06 eV 及 0.32 eV 处，其中 LaB_6 和 EuB_6 的等离子共振峰位置与 Kimura 等人从实验上测得的位置非常接近[16]。由于在低能量区的这个共振峰位置对应实验上的可见光区吸收谷的位置，因此我们计算的结果与实验上对 LaB_6 进行 Eu 掺杂后显示的光学性质变化趋势一致。

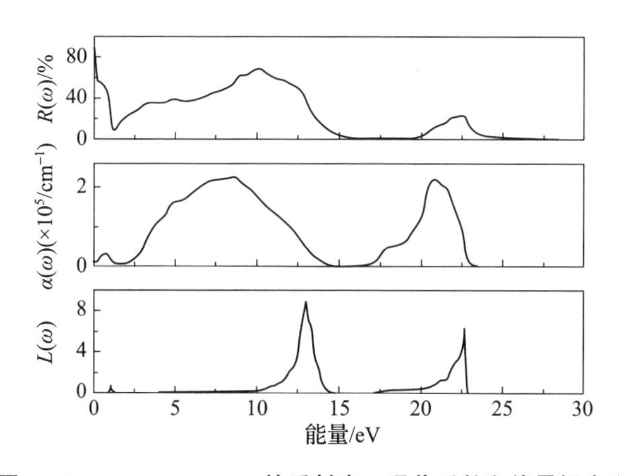

图 6.13　$La_{0.625}Eu_{0.375}B_6$ 的反射率、吸收系数和能量损失谱

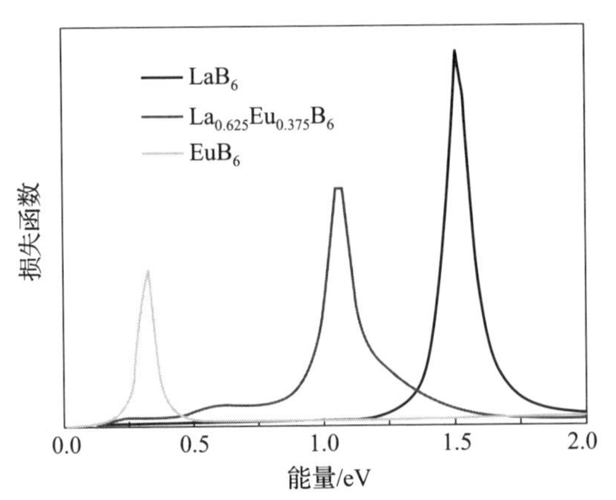

图 6.14　计算得到的 LaB_6、$La_{0.625}Eu_{0.375}B_6$ 及 EuB_6 的低能量区能量损失谱的对比

众所周知，材料的电子特性从很大程度上由其费米面附近的电子决定。因此，我们计算了 LaB_6、$La_{0.625}Eu_{0.375}B_6$ 及 EuB_6 费米能的绝对值，分别为 7.847 eV、7.659 eV 及 7.341 eV。从以上数据可以看出三个化合物的费米能之间有一种近似线性关系。$La_{0.625}Eu_{0.375}B_6$ 的费米能 7.659 eV 与通过以下方程计算得到的值非常接近：LaB_6 费米能 7.847 eV × 0.625 + EuB_6 费米能 7.341 eV ×0.375 =7.657 eV。而对三个化合物在低能量区的等离子共振峰位置发现了同样的趋势。$La_{0.625}Eu_{0.375}B_6$ 的等离子共振峰位置 1.06 eV 与通过以下方程计算得到的值非常接近：LaB_6 等离子共振峰位置 1.52 eV ×0.625 + EuB_6 等离子共振峰位置 0.32 eV ×0.375 =1.07 eV。因此，我们可以推断，掺 Eu 后 LaB_6 在可见光区吸收谷位置的移动与其费米能的变化有关。LaB_6 的费米能比 $La_{0.625}Eu_{0.375}B_6$ 和 EuB_6 的高，说明 LaB_6 的电子在费米能级附近有更快的速度。当 Eu 掺杂之后 LaB_6 电子的总动能明显变小，载流子数目相应减少，导致了掺杂之后可见光区吸收谷的移动。

6.3　高压下 LaB_6 的光学性质

高压是一种极端条件，指一切高于常压的压力条件，它作为热力学参数之一，其作用是温度或组分这种其他物理参量无法代替的。以材料科学为背景发展起来的高压物理学是研究物质在高压作用下的物理学行为的学科，是目前物理、化学及生物等学科领域创新的一个重要来源。目前高压物理的研究对象大部分是凝聚态物质，因此，在高压极端条件下研究凝聚态物质的性质我们称之为高压物理学。在自然界中，很多实体物质都处于高压状态，如地球的中心压力达到 350 万个大气压。高压科学将是人类认识自然的钥匙，它在当今科学研究领域中的作用不亚于与温度或成分有关的学科。

作为基本的物理学参量，压力可以使材料中的原子间距缩短，导致相邻的电子轨道重叠增加，从而改变材料的电子结构、晶体结构及原子分子间的相互作用关系，当达到高压平衡态时便产生全新的物质状态。这种在压力下产生的新物质状态具有不同于常压物质的新颖物理化学性质。研究表明，在100万大气压力下材料平均可以出现三个以上的相变，即压力效应可以给我们提供超出现有材料几倍的新物质，这极大地拓宽了我们寻找特殊用途新材料的途径。因此，研究稀土六硼化物在高压下的物理性质是很有必要的。Teredesai 等人对 LaB_6 进行高压拉曼测试及高压 ADXRD（角散 X 射线衍射）测试，其中高压拉曼测试在单晶 LaB_6 样品上进行，而高压（到 20 GPa）ADXRD 测试是在 LaB_6 粉末上进行。其结果显示 LaB_6 在 10 GPa 左右经历一个从立方相（空间群为 $Pm\bar{3}m$）到正交相（空间群为 $Pban$）的相变[22]。此正交相（$a_0=5.619$ Å，$b_0=5.732$ Å 及 $c_0=4.051$ Å）里 La 原子位于 $2a(0, 0, 0)$ 位置，而 B 原子位于 $4l(0, 0.5, 0.2)$ 和 $8m(0.15, 0.36, 0.3359)$ 位置。他们又用从头计算的 FPLAPW 方法，在局域密度近似下计算了压力下的 LaB_6 电子结构。计算结果显示，没有压力时在布里渊区的 Γ－M 方向上有一条能带（d 带）穿过费米能级。而当压力增加时此能带慢慢往上移，在 13 GPa 左右时正好移到费米能级上。这种费米面的拓扑变化可以称为电子拓扑相变（ETT）[23]。然而，Godwal 等人对多晶 LaB_6 样品进行的高分辨 X 射线衍射及拉曼光谱测试结果却表明，在 0～25 GPa 的压力范围内并没有发现结构或电子的相变[24]。他们室温下的拉曼测试及 XRD 测试都用了粉末样品，并且采用了高分辨测量提升了过去 XRD 测试的实验精度。他们的结果显示，一直到20 GPa的压力范围内 T_{2g} 拉曼模频率在平稳增加，并且 XRD 图也表现出平滑的压力－体积关系。因此，需要更进一步地研究这些理论以及实验上的不同结果。针对此，我们采用第一性原理计算，从理论上研究了高压下 LaB_6 的物理性质，详细讨论了高压下 LaB_6 的电子结构、声子色散以及光学性质。

1. 第一性原理计算细节

计算采用了基于密度泛函理论的 CASTEP 软件包，采用周期性边界条件，将价电子波函数用平面波基组展开。采用 PBE 框架下的广义梯度近似法处理交换关联势。选用 La 的 $5p$ $5d$ $6s$ 态为外层电子，把其他电子视为原子核的一部分，用超软赝势描述价电子与离子实之间的相互作用势。平面波展开的截断能为 $E_{cut}=600$ eV，自洽计算过程中体系总能量的收敛标准为 1×10^{-6} eV/原子，作用在电子上的力不大于 0.03 eV · Å^{-1}。采用 Monkhorst－Pack 形式的特殊 K 点方法进行布里渊区积分，K 网格的大小设置为 24×24×24。在图

6.3 中给出的 LaB_6 单胞结构上进行计算，并且能量计算都在倒易空间中进行，Gaussian 展宽为 0.5 eV。

采用密度泛函微扰理论（density functional perturbation theory，DFPT）的有限元位移法（又称超胞法）计算声子色散和声子态密度[25]。此方法中，构造超胞，根据体系的周期性把几个原子移动一下，计算原胞中所有原子所受的力，然后根据这个力构造力常数矩阵。

2. 相结构及电子特性

在 0 GPa 下结构优化得到的 LaB_6 晶格常数 a 以及内部参数 z 分别为 4.160 6 Å和 0.200 1，与实验值的偏差小于 0.2%。随着压力的增加，LaB_6 的晶格常数线性减小。在图 6.15 中我们画出了计算得到的 LaB_6 单胞相对体积变化随着压力的变化关系图，并与 Torsten 等人从实验上测得的值进行了比较[26]。从图 6.15 中可以看出我们的计算结果与实验结果很好地符合。

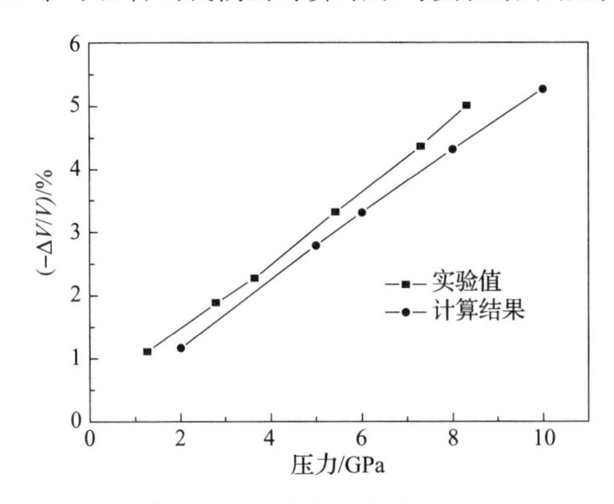

图 6.15　$-\Delta V/V$ 与压力的变化关系计算结果与实验值的对比[26]

众所周知，材料最稳定的结构拥有最低的 Gibbs 自由能（$G=U+PV-TS$），因此在零温时具有最低的焓（$H=U+PV$）。为了弄清 LaB_6 在压力下的相变情况，我们对它 $Pm\bar{3}m$ 和可能存在的 $Pban$ 结构的焓进行了计算，结果在图 6.16 中给出。结果显示 $Pm\bar{3}m$ 和 $Pban$ 结构的焓差非常微小，很难区分，并没有出现两种结构的焓随压力的变化曲线相交于某一点的情况。此外我们又计算了其相对焓的变化，也没有得到有意义的结果。Xu 等人把 $Pban$ 结构看作另一个稀土六硼化物 YB_6 的假想高压结构，并对 YB_6 进行了计算，在计算精度之内同样没有分辨出 YB_6 $Pm\bar{3}m$ 和 $Pban$ 结构的焓差[27]。因此，从焓差计算上不能够确定 Teredesai 等人报道的 LaB_6 在 10 GPa 左右出现的相变。

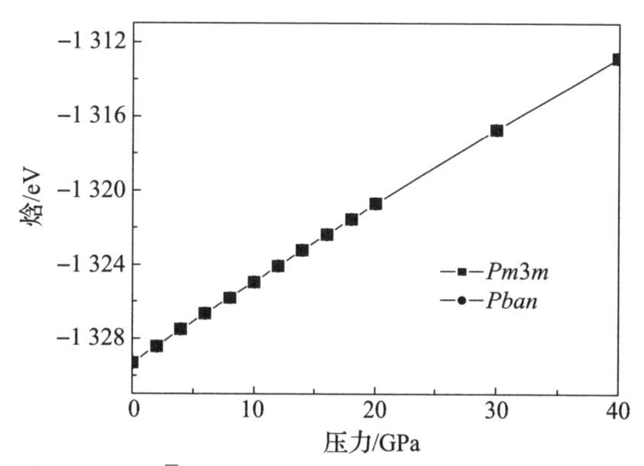

图 6.16　*Pm$\bar{3}$m* 和 *Pban* 结构的焓随压力的变化关系

图 6.17 为 LaB_6 在 0 GPa 下的能带结构图，费米能级取为能量为零处。从图中可以清楚地看到，布里渊区的 X－R 方向及 M－Γ 方向上都有一条能带穿过费米能级。为了与前人的计算结果比较，我们在图 6.18 中给出了 LaB_6 在 0～45 GPa 压力下 M－Γ 方向上的能带图（*d* 能带）。随着压力的不断增大，此 *d* 能带的位置慢慢往上移，当压力增大到 45 GPa 的时候能带底已经移到了费米能级的上面，也就是发生了所谓的电子拓扑相变或者Lifshitz 相变[28]。我们计算得到的 ETT 点在 45 GPa 左右处，而 Teredesai 等人采用 FPLAPW 方法计算得到的相变点在 13 GPa 左右处[22]，然而之后的高分辨 X 射线衍射以及拉曼光谱测试结果并没有在 13 GPa 附近发现任何相变[24]。Xu 等人计算的 YB_6 的 ETT 点出现在 40 GPa 处[27]。由于此 *d* 能带在很大的压力范围内随着压力的移动非常微小，因此采用不同方法计算得到的结论也会有很大的区别，我们的计算结果与高分辨 X 射线衍射及拉曼光谱测试结果相吻合。

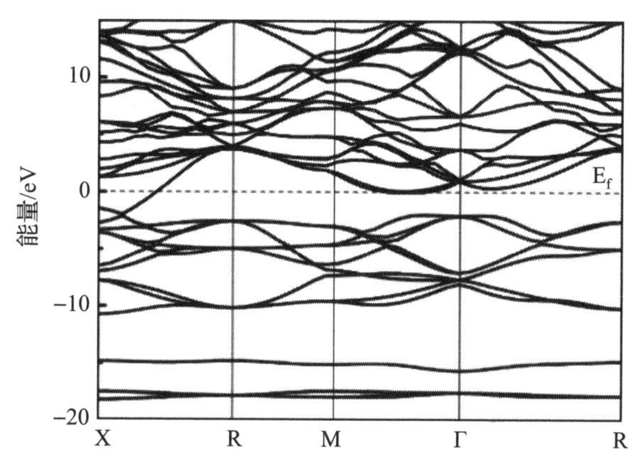

图 6.17　LaB_6 在 0 GPa 下的能带结构图

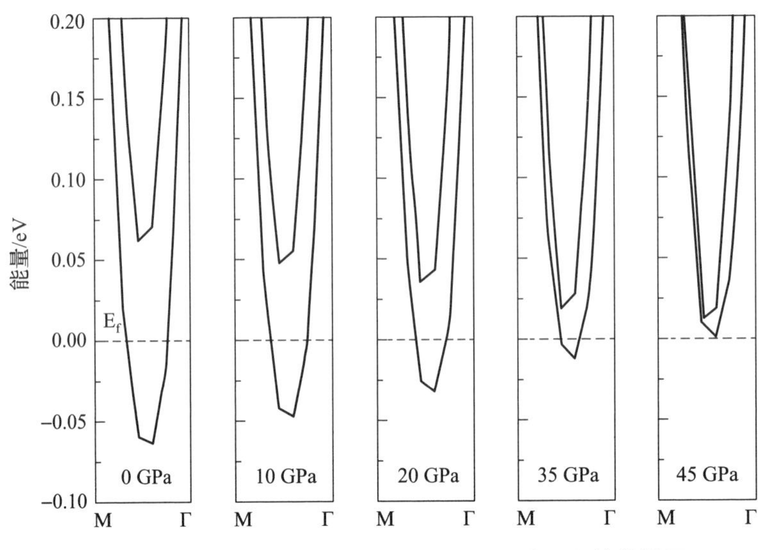

图 6.18　LaB_6 在 0～45 GPa 压力下 M－Γ 方向上的能带图

Lifshitz 指出如果一个外部参数，如压力的变化导致费米面拓扑结构的变化，它很可能会影响态密度的单调变化[28]。图 6.19 中我们画出了不同压力下 LaB_6 的总态密度（TDOS）以及费米能级处的分态密度（PDOS），费米能级取为能量为零处。从图 6.19 中可以看到，TDOS 在费米能级处比较平坦，并且随着压力的增大而减小。费米面附近的电子态展现出很强的杂化特性，除了 La 5d 态以外所有 La 和 B 的 PDOS 随着压力的增大而减小。La 5d 态在 35 GPa 左右达到最小值，压力继续增大时又开始增大。然而 La 5d 态对费米面附近总态密度的贡献非常小。Medicherla 等人的高分辨光电子能谱研究结果显示，在低温下（$T<100$ K）LaB_6 有赝能隙[29]，可能与 LaB_6 的低能声子模有关。

为了弄清 LaB_6 在压力下的键合行为，我们对其进行了 Mulliken 电荷布局分析。图 6.20 为计算得到的 LaB_6 在不同压力下的（110）面差分电荷密度图。LaB_6 有两种 B － B 键，如图 1.1 中所示，一个是连接两个相邻 B_6 八面体的 BB1 键，另一个是 B_6 八面体内连接两个相邻 B 原子的 BB2 键。从图 6.20 中可以看出 BB1 键上的电荷密度远大于 BB2 键上的电荷密度，并且 B 原子之间的电荷密度也大于 La 原子与 B 原子间的电荷密度，表明 B 原子和 B 原子间为共价键性质而 La 原子和 B 原子之间为离子键性质。随着压力的增大，B 原子和 B 原子间的电荷密度也在增加。在图 6.21 中给出计算得到的详细的 Mulliken 有效电荷（MECs）。从图 6.21 中可以看出，La 的正电荷随着压力增大而增加，而 B 的负电荷随着压力的增加而减小，表明压力会导致电荷从 La 原子到 B 原子的转移。B 原子的 MECs 随着压力展现出阶梯变化的现象，可能是因为 B 原子的 MECs 远小于 La 原子的 MECs，而且随压力的变化也很小。

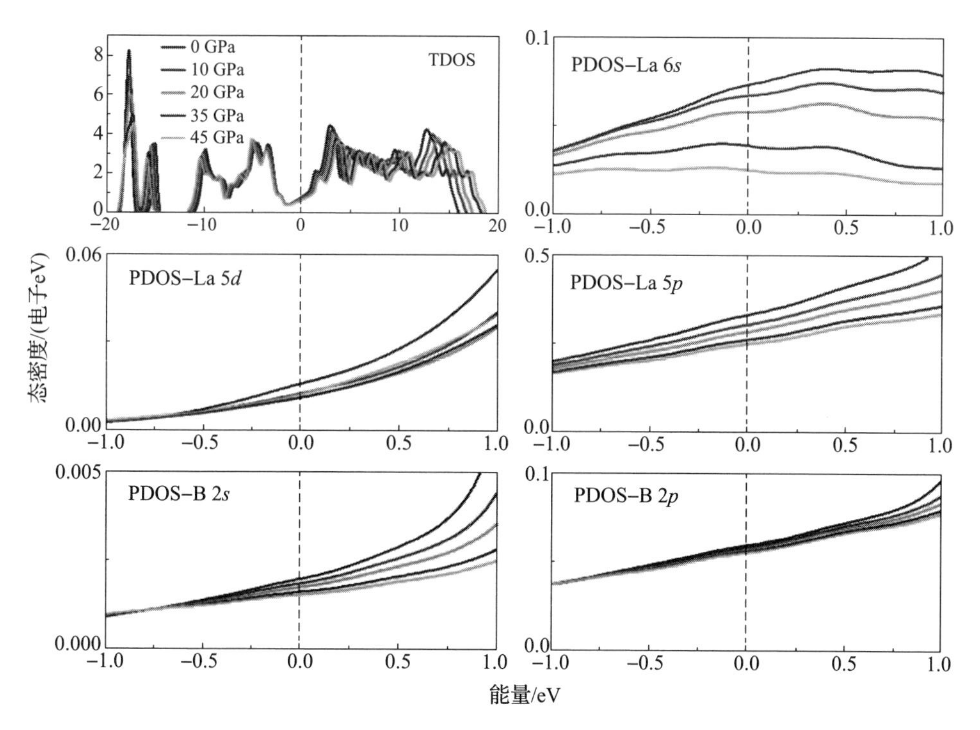

图 6.19　不同压力下 LaB_6 的总态密度以及费米能级处的分态密度

在 0 GPa 时，从 La 原子到 B 原子的电荷转移量为 2.57 e，表明 LaB_6 里 La 的有效离子价态为 +0.43。而随着压力的增加，在 40 GPa 的时候 La 的有效离子价态减小到 +0.23。上面的现象表明，随着压力的增加，LaB_6 的共价键特性在变弱而离子键特性在变强。

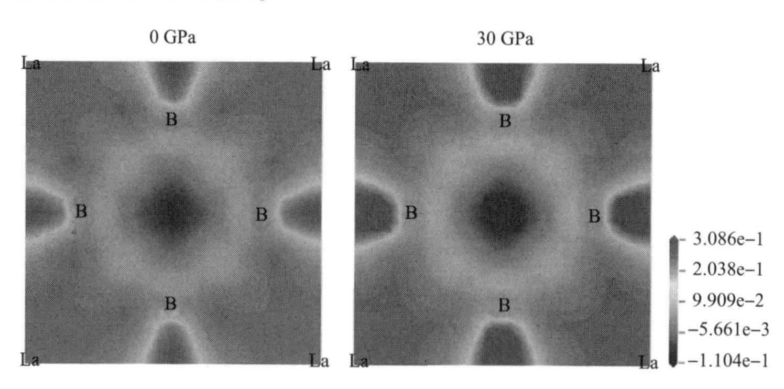

图 6.20　计算得到的 LaB_6 在不同压力下的（110）面差分电荷密度图

3. 声子

声子可以用来描述晶格的振动，是固体理论中非常重要的一部分。从声

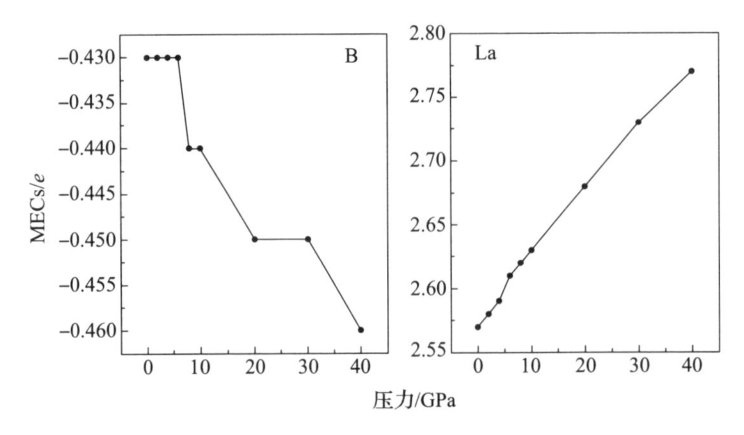

图 6.21　B 原子和 La 原子的 MECs 随压力的变化关系

子谱的计算中可以研究材料的热力学性质，从声子软化与否可以判断材料结构的稳定性。图 6.22 为计算得到的在 0 GPa 下 LaB_6 沿布里渊区高对称点的声子谱以及对应的声子态密度，同时给出了 Smith 等人从实验上测得的 LaB_6 声子谱作为对比[30]。我们的计算结果和 Gürel 与 Eryigit 的计算结果一致[31]，与实验结果除了在 R 点处声子频率 400 cm^{-1}附近有差别之外很好地吻合。根据文献［27］、文献［31］，实验与理论在布里渊区 R 点处的差别可能来自两个原因：一个是样品大小和高能下的低中子通量导致在实验上布里渊区 R 点处

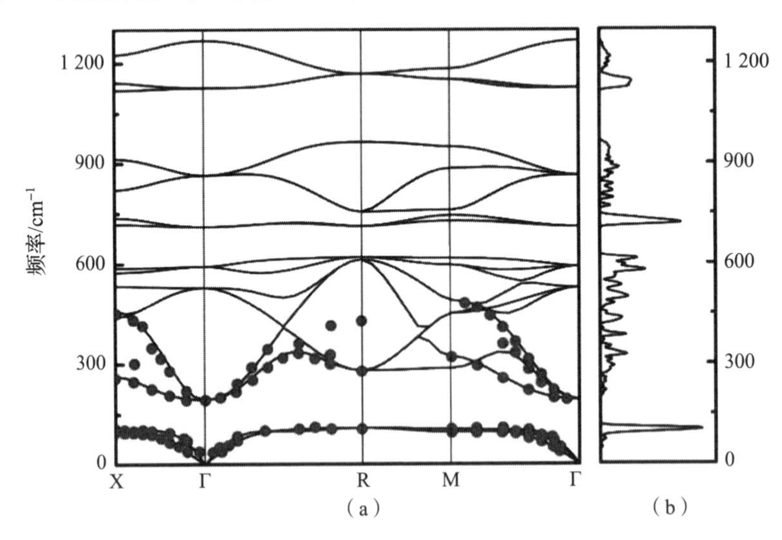

图 6.22　计算得到的在 0 GPa 下 LaB_6 沿布里渊区高对称点的声子谱以及对应的声子态密度

(a) 0 GPa 下 LaB_6 声子谱；

(b) 对应声态密度（红点为 Smith 等人的实验结果）[30]

的不准确测量结果。另一个是在 DFPT 理论框架里没有考虑在 R 点处的有些过程。从图 6.22（a）中可以看出，对 LaB_6 的声学声子模有贡献的 La 离子的振动位于低频范围内，且渐离布里渊区高对称点的声学模变得非常平坦，导致了在图 6.22（b）中的低频声子态密度形成了非常尖锐的峰。LaB_6 在 0 GPa 下展现的声子色散特性与 YB_6 和 SmB_6 的非常相似[27,32]。

LaB_6 的原胞含有 7 个原子，按照群论，空间群 $Pm\bar{3}m$ 的 Wyckoff 位置 $1a$ 和 $6f$ 的 Γ 点上产生的振动有

$$\Gamma(1a,Pm\bar{3}m)=\mathrm{T_{1u}(IR)} \tag{6.14}$$

$$\Gamma(6f,Pm\bar{3}m)=\mathrm{A_{1g}(R)+E_g(R)+T_{2u}+T_{2g}(R)+2T_{1u}(IR)+T_{1g}} \tag{6.15}$$

式中，R 为拉曼活性模；IR 为红外活性模；T_{1g} 和 T_{2u} 在光学上是非活性的。图 6.23中给出了在声子谱的 Γ 点上频率随压力的变化关系。在 0 GPa 时，计算得到的 A_{1g}、E_g 和 T_{2g} 模的频率分别在 1 266 cm^{-1}、1 125 cm^{-1} 及 710 cm^{-1}，与从拉曼散射实验得到的 1 258 cm^{-1}、1 120 cm^{-1} 及 682 cm^{-1} 吻合[33]，计算误差小于 5%。随着压力的增加，所有的声学模和光学模都往高频处移动。从图 6.23 中可以看出 Γ 点上的这些模的频率都有随着压力的增加而增加的趋势，T_{2g} 模随着压力的增加而线性增加的趋势与拉曼测试结果一致[24]，计算结果里没有发现声子软化现象。通常，声子软化到零频处的行为表明材料在结构上的不稳定。因此，在压力下对声子谱的计算也没有表现出 LaB_6 从 $Pm\bar{3}m$ 到 $Pban$ 相的转变。这一点与 YB_6 不同。对 YB_6，其 R_{25} 和 M_2 声学模在 54.5 GPa 时已软化到零频处[27]，而 YB_6 的 ETT 相变出现在 40 GPa 处。因此我们可以推断，声子软化与 ETT 相变并不直接相关。

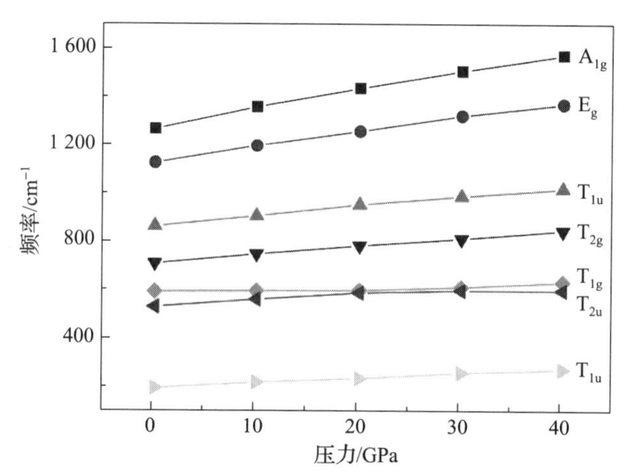

图 6.23　在声子谱的 Γ 点上频率随压力的变化关系

4. 光学性质

在图 6.24 中我们给出了在不同压力下计算所得的 LaB_6 介电函数的实部与虚部。从图 6.24 中可以看出，LaB_6 的光学性质在 45 GPa 时发生了明显的改变。LaB_6 的介电函数在 0 ~ 35 GPa 的范围内服从 Drude 模型，Drude 模型可以表示为[34]

$$\varepsilon(\omega)=\varepsilon_1(\omega)+\mathrm{i}\varepsilon_2(\omega)=1-\frac{\omega_p^2\tau^2}{1+(\omega\tau)^2}+\mathrm{i}\frac{\omega_p^2\tau}{\omega[1+(\omega\tau)^2]} \tag{6.16}$$

式中，$\omega_p=(Ne^2/m\varepsilon_0)^{1/2}$ 为等离子频率；τ 为阻尼项。基于自由电子气近似的 Drude 模型通常适用于金属材料，它忽略了所有电子与电子之间或电子与离子之间的长程相互作用，自由电子本身所处的环境当中唯一可能的相互作用是通过瞬时碰撞而来的。当压力上升到 45 GPa 时，LaB_6 的介电函数转变为服从 Lorentz 模型，Lorentz 模型可以表示为[34]

$$\varepsilon(\omega)=\varepsilon_1(\omega)+\mathrm{i}\varepsilon_2(\omega)=1+\frac{\omega_p^2(\omega_0^2-\omega^2)}{(\omega_0^2-\omega^2)^2+(\omega/\tau)^2}+\mathrm{i}\frac{\omega_p^2\omega/\tau}{(\omega_0^2-\omega^2)+(\omega/\tau)^2} \tag{6.17}$$

式中，ω_0 为振荡频率。Lorentz 色散理论基于阻尼谐振子近似。

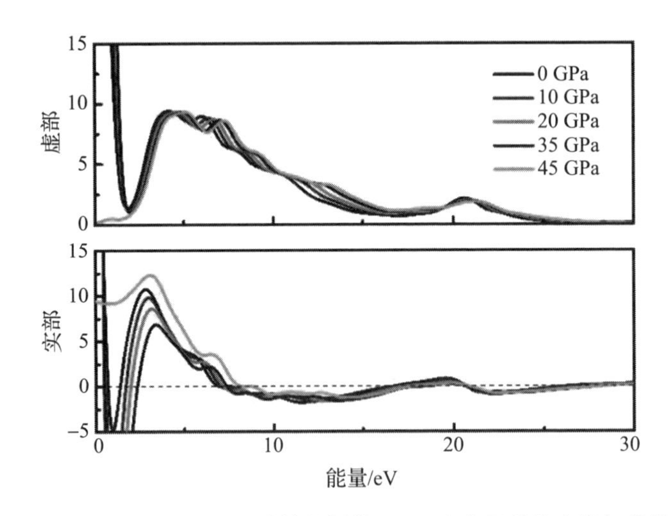

图 6.24　在不同压力下计算所得的 LaB_6 介电函数的实部与虚部

LaB_6 的光学性质在 45 GPa 时显示的明显变化的原因是布里渊区 M − Γ 方向上的 d 能带的移动。在图 6.18 中，45 GPa 时 M − Γ 方向上 d 能带的最小值已经移到了费米面之上，因此导致了光学性质上的明显变化。LaB_6 介电函数的虚部在 0.12 eV 处出现的峰对应图 6.18 中的两个能带之间电子的跃迁。在 0 GPa 时 M − Γ 方向上的 d 能带穿过费米面，因此有电子能够从图 6.18 中的下能带跃迁到上能带。而在 45 GPa，由于 d 能带已经移到费米面之上，不再有电子从 d 能带跃迁到上面的能带。因此，在 45 GPa 时介电函数的虚部的低能量处（0.12 eV 左右）没有出现峰。我们对能带结构的计算结果显示，布里渊区 X－R 方向上的一条导带在 45 GPa 时仍然穿过费米面，表明此时 LaB_6 还是显示金属特性。因此可以推断，X－R 方向上的那条能带对 LaB_6 的光吸收没有贡献。随着压力的增加，介电函数虚部里位于 4.3 eV 和 6.1 eV处的两个主峰往高能量处移动，这是因为相对应的能带距离随着压力的增加而变宽了。

在图 6.25 中给出不同压力下 LaB_6 的能量损失谱。在 0～35 GPa 的压力范围内，1.5 eV 左右能量处的第一个等离子共振峰随着压力的增大往高能量处移动，而压力增加到 45 GPa 时，此峰消失，这与介电函数的变化一致。由于第一个等离子共振峰的位置对应 LaB_6 在可见光区吸收谷的位置，因此我们的计算结果表明可以通过压力来连续调控 LaB_6 在可见光区吸收谷的位置。从图 6.25 中还可以看到，在 0～35 GPa 的压力范围内，第一个等离子共振峰的强度也随着压力的增大而增大，表明在一定压力范围内，LaB_6 将会展现出更好的隔热性能。而其随着压力发生这种光学性质上的变化跟其费米面附近电子的状态有关系。在图 6.26 中画出了 LaB_6 在不同压力下的费米能绝对值。从图 6.26 中可以看出，LaB_6 的费米能绝对值随着压力的增大而增大，说明费米面附近的电子在压力下拥有了更大的动能，导致其等离子共振峰随压力的变化而变化。

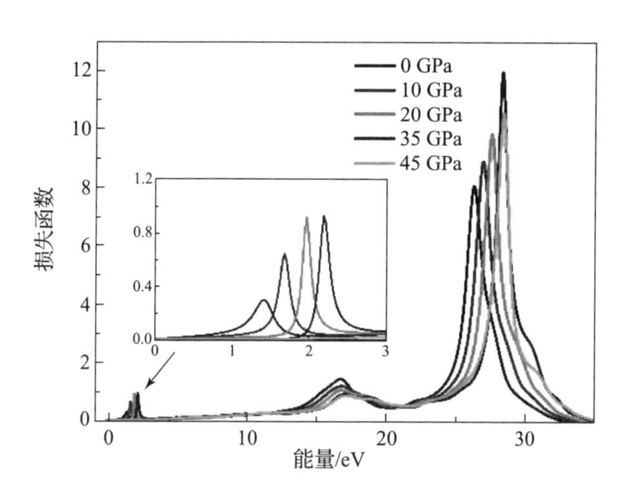

图 6.25　不同压力下 LaB_6 的能量损失谱

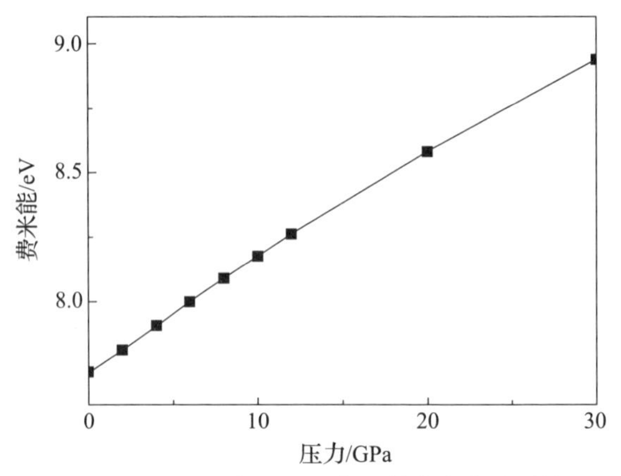

图 6.26 LaB_6 在不同压力下的费米能绝对值

参考文献

[1] ANISIMOV V I, ARYASETIAWAN F, LICHTENSTEIN A I. First - principles calculation of the electronic structure and spectra of strongly correlated systems: LDA + U method [J]. Journal of physics: condensed matter, 1997, 9: 767 - 808.

[2] SOLOVYEV I V, DEDERICHS P H, ANISIMOV V I. Corrected atomic limit in the local - density approximation and the electronic structure of d impurities in Rb [J]. Physical review B, 1994, 50 (23): 16861 - 16871.

[3] ANISIMOV V I, ZAANEN J, ANDERSEN O K. Band theory and Mott insulators: Hubbard U instead of Stoner Ⅰ [J]. Physical review B, 1991, 44 (3): 943 - 954.

[4] ANISIMOV V I, GUNNARSSON O. Density - functional calculations of effective Coulomb interactions in metals [J]. Physical review B, 1991, 43 (10): 7570 - 7574.

[5] SINGH N, SAINI S M, NAUTIYAL T, et al. Electronic structure and optical properties of rare earth hexaborides RB_6 (R = La, Ce, Pr, Nd, Sm, Eu, Gd) [J]. Journal of physics: condensed matter, 2007, 19: 346226.

[6] TANG M, LIU L, CHENG Y, et al. First - principles study of structural, elastic, and electronic properties of CeB_6 under pressure [J]. Frontiers of physics, 2015, 10 (6): 107104.

[7] ANTONOV V N, HARMON B N, YARESKO A N. Electronic structure of mixed - valence semiconductors in the LSDA + U approximation Ⅱ. SmB_6 and

YbB_{12} [J]. Physical review B, 2002, 66: 165209.

[8] NING G, FLEMMING R L. Rietveld refinement of LaB_6: data from μXRD [J]. Journal of applied crystall raphy, 2005, 38: 757 - 759.

[9] 肖立华. 窗用透明隔热材料第一原理性能预测及纳米 LaB_6 分散液的制备与性能 [D]. 长沙: 中南大学, 2013.

[10] CAMPAGNA M, WERTHEIM G K, BUCHER E. Structure and Bonding [M]. Berlin: Springer, 1976. 30 (1976) 99 - 140.

[11] LI Y L, FAN W L, SUN H G, et al. Structural, electronic, and optical properties of α, β, and γ - TeO_2 [J]. Journal of applied physics, 2010, 107 (9): 093506.

[12] SUN J, WANG H T, HE J L, et al. Ab initio investigations of optical properties of the high - pressure phases of ZnO [J]. Physical review B, 2005, 71: 125132.

[13] SAHA S, SINHA T P, MOOKERJEE A. Electronic structure, chemical bonding, and optical properties of paraelectric $BaTiO_3$ [J]. Physical review B, 2000, 62: 8828 - 8834.

[14] CAI M Q, YIN Z, ZHANG M S. First - principles study of optical properties of barium titanate [J]. Applied physics letters, 2003, 83 (14): 2805 - 2807.

[15] SATO Y, TERAUCHI M, MUKAI M, et al. High energy - resolution electron energy - loss spectroscopy study of the dielectric properties of bulk and nanoparticle LaB_6 in the near - infrared region [J]. Ultramicroscopy, 2011, 111: 1381 - 1387.

[16] KIMURA S, NANBA T, TOMIKAMA M, et al. Electronic Structure of rare - earth herides [J]. Physical review B, 1992, 46: 12196 - 12204.

[17] XIAO L H, SU Y C, ZHOU X Z, et al. Origins of high visible light transparency and solar heat - shielding performance in LaB_6 [J]. Applied physics letters, 2012, 101: 041913.

[18] GABANI S, FLACHBART K, BEDNARCIK J, et al. Investigation of mited Valence State of $Sm_{1-x}B_6$ and Sm_{1-x}LarxB$_6$ by XANES [J]. Acta physica polonica A, 2014, 126: 338 - 339.

[19] VANDERBILT D. Soft self - consistent pseudopotentials in a generalized eigenvalue formalism [J]. Physical review B, 1990, 41 (11): 7892 - 7895.

[20] SEGALL M D, SHAH R, PICKARD C J, et al. Population analysis of plane -

wave electronic structure calculations of bulk materials [J]. Physical review B, 1996, 54 (23): 16317 – 16320.

[21] TARASCON J M, SOUBEYROUX J L, ETOURNEAU J, et al. Magnetic structures determined by neutron diffraction in the $EuB_{\in -x}C_x$ system [J]. Solid state communications, 1981, 37 (2): 133 – 137.

[22] TEREDESAI P, MUTHU D V S, CHANDRABHAS N, et al. High pressure phase transition in metallic LaB6: Raman and X – ray diffraction studies [J]. Solid state communications, 2004, 129 (12): 791 – 796.

[23] BLANTER Y M, KAGANOV M I, PANTSULAYA A V, et al. The theory of electronic topological transitions [J]. Physics reports, 1994, 245 (4): 159 – 257.

[24] GODWAL B K, PETRUSKA E A, SPEZIALE S, et al. High – pressure Raman and X – ray diffraction studies on LaB_6 [J]. Physical review B, 2009, 80: 172104.

[25] ACKLAND G J, WARREN M C, CLARK S J. Practical methods in ab initio lattice dynamics [J]. Journal of physics: condensed matter, 1997, 9: 7861 – 7872.

[26] TORSTEN L, BERTIL L, BERT T, et al. An investigation of the compressibility of LaB_6 and EuB_6 using a high pressure X – Ray power diffraction technique [J]. Physica scriota, 1982, 26 (5): 414 – 416.

[27] XU Y, ZHANG L J, CUI T, et al. First – principles study of the lattice dynamics, thermodynamic properties and electron – phonon coupling of YB_6 [J]. Physical review B, 2007, 76: 214103.

[28] LIFSHITZ I M. Anomalies of electron characteristics of a metal in the high pressure region [J]. Soviet physics – JETP, 1960, 11: 1130 – 1135.

[29] MEDICHERLA V R R, PATIL S, SINGH R S, et al. Origin of ground state anomaly in LaB_6 at low temperatures [J]. Applied physics letters, 2007, 90: 062507.

[30] SMITH H G, DOLLING G, KUNII S, et al. Experimental study of lattice dynamics in LaB_6 and YbB_6 [J]. Solid state communications, 1985, 53 (1): 15 – 19.

[31] GÜREL T, ERYI GIT R. Ab initio lattice dynamics and thermodynamics of rare – earth hexaborides LaB_6 and CeB_6 [J]. Physical review B, 2010, 82: 104302.

[32] ALEKSEEV P A, IVANOV A S, DORNER B, et al. Lattice dynamics of in-

termediate valence semiconductor SmB_6 [J]. Europhysics letters, 1989, 10 (5): 457-463.

[33] ISHII M, TANAKA T, BANNAI E, et al. Raman scattering in metallic LaB_6 [J]. Journal of the Physical Society of Japan, 1976, 41: 1075-1076.

[34] ZHOU Y, WANG K, FANG X Y, et al. Different roles of a boron substitute for carbon and silicon in β-SiC [J]. Chinese physics letters, 2012, 29 (7): 077102.

第7章

纳米晶稀土六硼化物的磁性

稀土六硼化物具有特殊的4*f*电子层结构，而且4*f*电子数也各不相同。以我们合成的LaB_6、CeB_6、PrB_6、NdB_6、SmB_6及EuB_6为例，其稀土原子的*f*电子数分别为0、1、3、4、6及7。RB_6化合物中这些电子之间复杂的相互作用提供了不同寻常的特性以及奇特的基态[1-3]。几十年来很多研究者对RB_6的磁性做了大量的研究。LaB_6本身不具有磁性，而Young等人在同样本身不具有磁性的CaB_6里掺杂La元素发现了高温铁磁性[4]。有重费米子特性的CeB_6具有近藤效应以及非寻常的磁相图，原因是三价Ce离子的4*f*电子与导带5*d*电子的强相互作用[5-8]。很多学者对CeB_6的磁性进行了研究[7,9-10]，结果显示CeB_6在零场下有两个磁转变温度，分别为$T_N \approx 2.3$ K和$T_Q \approx 3.2$ K。当温度下降到3.2 K时，顺磁态的CeB_6转变成反铁电四极矩态，而当温度低于2.3 K时变成常规的偶极反铁磁态。PrB_6和NdB_6属于反铁磁金属，其磁性由通过传导电子相互作用的稀土离子的局域磁矩决定。当温度下降到$T_N \approx 6.9$ K左右时PrB_6经历一个从顺磁态到反铁磁态的非公度相变[11]。此相源于长程RKKY（Ruderman - Kittel - Kasuya - Yosida）交换作用，产生非共线磁结构[12-13]。比热、热膨胀、电阻及磁性测量表明PrB_6的又一个二级相变发生在$T_Q \approx 4.2$ K时[14-15]。非弹性中子衍射研究表明Γ_5三重态是PrB_6顺磁相的基态[16]。NdB_6在$T_N \approx 8$ K以下显示A型共线反铁磁序[17]。NdB_6里Nd^{3+}（$J = 9/2$）的晶场基态是$\Gamma_8^{(2)}$四重态[18-19]，并且$\Gamma_8^{(2)}$基态里偶极矩的易轴方向沿〈111〉方向[20]，其在低磁场下的磁晶各向异性可能来源于晶场效应和铁电四极矩效应间的竞争[21]。SmB_6是典型的混合价态化合物，在50 K左右有一个从金属到绝缘体的转变[22-24]。稍早些的研究结果显示SmB_6是一个带隙为19 meV的窄能带半导体，认为此能隙来源于窄能带里的*f*电子与宽能带里的*s*、*p*、*d*电子的杂化[25-26]。而最近的研究结果认为SmB_6是展现拓扑表面性质的拓扑近藤绝缘体[27-31]，这引起了研究者们极大的兴趣。EuB_6是一个庞磁电阻强关联化合物，被认为是半金属，在低温下有一个从半金属到金属、从顺磁态到铁磁态的相变[32-35]。很多实验表明其居里温度T_c对成分非常敏感。

在 T_c 以上，EuB_6 展现庞磁电阻特性，而在 T_c 以下其电阻急剧下降，并显示铁磁性。早期的研究结果显示 EuB_6 的单晶样品仅在 $T_c \approx 13$ K 有一个顺磁态到铁磁态的相变[36-37]，而之后的比热、电阻、磁性等的测量结果显示 EuB_6 的单晶样品在 $T_{c1} \approx 15$ K 和 $T_{c2} \approx 12$ K 附近分别有两次铁磁相变[34-35,38]。Süllow 等人认为 EuB_6 的磁性可能主要起源于局域化的 Eu^{2+} 离子所拥有的有效磁矩（$\mu_{eff} \approx 7.9\mu_B$），15 K 左右发生的金属化是由于磁极子的叠加而导致的[35]。而 Semeno 等人的实验结果显示 EuB_6 的电子自旋共振与自旋极化子的相互作用或磁性相的分离并无多大关系，而仅仅反映 Eu^{2+} 的局域磁矩振荡[33]。

虽然人们对 RB_6 的磁性进行了大量的研究，但是仅限于其单晶样品和多晶样品，而关于 RB_6 纳微米级粉末的磁性研究目前还鲜有报道。当材料的尺寸减小到一定值后可能会出现超顺磁性等单晶样品所不具备的磁现象，并且材料的纳米化会影响材料本身的磁性转变温度。因此，为了观察小颗粒的 RB_6 样品会出现什么样的磁性，我们用综合物性测量系统（physical property measurement system，PPMS）对合成的 RB_6（R = La、Ce、Pr、Nd、Sm 及 Eu）粉末进行了低温磁性测量，并与前人报道的单晶样品的磁性进行了比较。

PPMS 是由美国 Quantum Design 公司生产的一种综合物理性质测量仪器。PPMS 由一个主机及各种拓展的测量选件构成。主机的超导磁体能够提供强磁场，而通液氦后能够提供极低温的实验环境。在主机的这种平台上可以拓展搭建各种磁、电、比热等性质的选件。

PPMS 测量时样品室处于密封的真空状态，样品变温是通过液氦冷却样品室的室壁进而冷却样品室内的传导氦气来降温的。而 PPMS 的磁场是通过对浸泡在液氦里的超导磁体励磁获得的。交流直流磁性测量选件（ACMS）采用了独特的探测线圈和驱动马达，一次测量就能获得样品的交流磁化率和直流磁化强度信号。其中，直流磁化强度的测量采用了提拉法；交流磁化率的测量采用了锁相放大技术以及五点测量模式，这种测量模式能够有效地消除温度漂移对测量的影响。

Quantum Design 综合物性测量系统如图 7.1 所示，其温度控制范围为：1.9 ~ 400 K，温控精确度为：±1%；温度扫描速率为：0.01 ~ 8 K/min；温度稳定性为：±0.2% $T < 10$ K，±0.02% $T > 10$ K；磁场范围为 ±14 T；磁场稳定性为：1 PPM/h；变场速率为：10 ~ 200 Oe/s；磁场分辨率为：1 T 以下 0.02 mT，1 ~ 14 T 时 0.2 mT。

磁性测量使用的样品为第 4 章中制备的 RB_6（R = La、Ce、Pr、Nd、Sm、Eu）系列样品，其微观结构及表面形貌已在第 3 章中用 XRD、SEM 及 TEM 等手段证实。磁性测量时 $M-H$ 测量的外加磁场范围为 ±50 kOe，$M-T$ 曲线的测量温度范围为 2 ~ 100 K，外加磁场为 500 Oe。

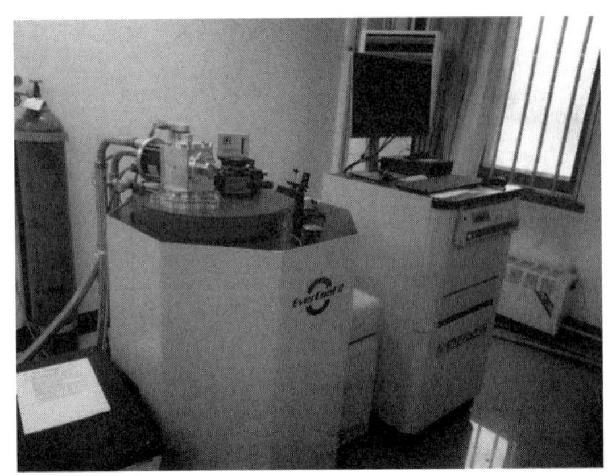

图 7.1　Quantum Design 综合物性测量系统

7.1　LaB_6 的磁性

图 7.2 为 LaB_6 粉末样品在 500 Oe 外场下磁化强度与温度的关系（$M-T$）曲线。从图 7.2 中可以看出，在整个温度范围内 LaB_6 的磁化强度都非常小，低温时达到的最大值仅为 2.09×10^{-3} emu/g。磁化强度在 20 K 以上随温度的变化比较平坦，而在 20 K 以下随着温度的下降磁化强度有升高的趋势。图 7.3 为 LaB_6 粉末样品在 2 K 下的磁化强度与磁场的关系曲线，从图 7.3 中可以看出磁化强度与磁场的关系曲线呈没有磁滞的铁磁形状，结合图 7.2中的磁化强度与温度的关系曲线可以判断，制备的 LaB_6 粉末显示了超顺磁性。众所周知，颗粒的磁晶各向异性能正比于 KV，热扰动能正比于 k_BT，其中 K 是磁晶各向异性常数，V 是颗粒体积，k_B 是玻尔兹曼常数，T 是样品的绝对温度。当颗粒体积减小到某一数值时，热扰动能将与总的磁晶各向异性能相当，此

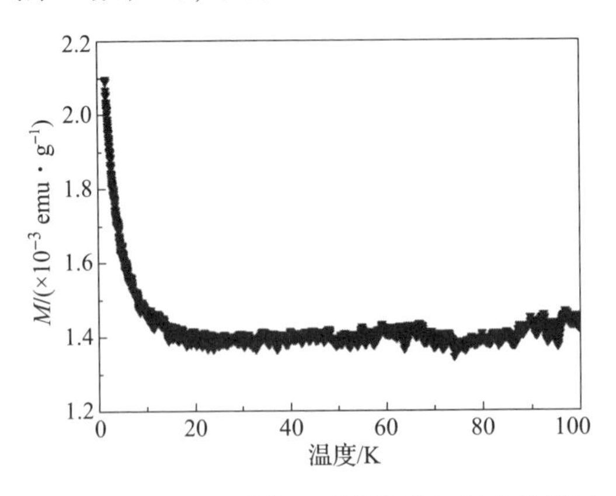

图 7.2　LaB_6 粉末样品在 500 Oe 外场下磁化强度与温度的关系（$M-T$）曲线

时颗粒内的磁矩方向就可能随着时间的推移，整体保持平行地在一个易磁化方向和另一个易磁化方向之间反复变化。从 LaB_6 粉末样品的扫描电镜图上可以看出样品里含有很多几十纳米甚至更小的颗粒。对于这些小颗粒，当温度大于 20 K 时，外场产生的磁取向力不足以抵抗热骚动的干扰，其磁化性质与顺磁体相似；而当温度小于 20 K 时，外场产生的磁取向力明显占优，磁化强度明显提高。

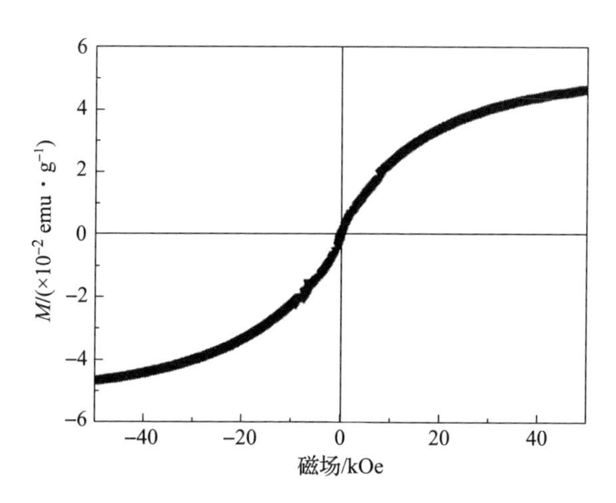

图 7.3　LaB_6 粉末样品在 2 K 下的磁化强度与磁场的关系曲线

7.2　CeB_6 的磁性

图 7.4 为 CeB_6 粉末样品在 500 Oe 外场下磁化强度与温度的关系曲线（插图显示的是质量磁化率倒数与温度的关系曲线）。从图 7.4 中可以看出磁化强度刚开始随着温度的下降而缓慢上升，到 20 K 以下时上升趋势加快，而当温度下降到 2.3 K 以下时磁化强度随温度下降而减小。我们的磁性测量结果与前人报道的对 CeB_6 单晶样品的测量结果一致[39-40]。CeB_6 有两个磁转变温度，分别为 $T_N \approx 2.3$ K 和 $T_Q \approx 3.2$ K。当温度下降到 3.2 K 时顺磁态的 CeB_6 转变成反铁电四极矩态，而当温度低于 2.3 K 时变成常规的偶极反铁磁态。其中 3.2 K 时的相变不会产生磁性强度的反常，因此 $M-T$ 曲线上显示不出来。在 2.3 K 以下变成反铁磁态后，由于近藤效应，磁矩均匀地减小。根据 Hacker 等人的研究结果，CeB_6 磁化率在 200 K 以上服从居里 – 外斯定律，而在低温时偏离居里 – 外斯定律，他们认为低温下的这种偏离是由间接交换作用做贡献的晶场效应导致的[41]。从图 7.4 中的插图里也可以看到这种趋势，在 2 ~ 100 K 温度区间里 CeB_6 的磁化率行为在偏离居里 – 外斯定律。图 7.5

为 CeB_6 粉末样品在 2 K 和 30 K 下的磁化强度与磁场的关系曲线。在 30 K 时的曲线基本上为一条直线，表明 CeB_6 在 30 K 时的顺磁态。2 K 时的曲线在低磁场范围内也呈直线，但当磁场变得很大时呈曲线状，与此时的反铁磁态相符合。

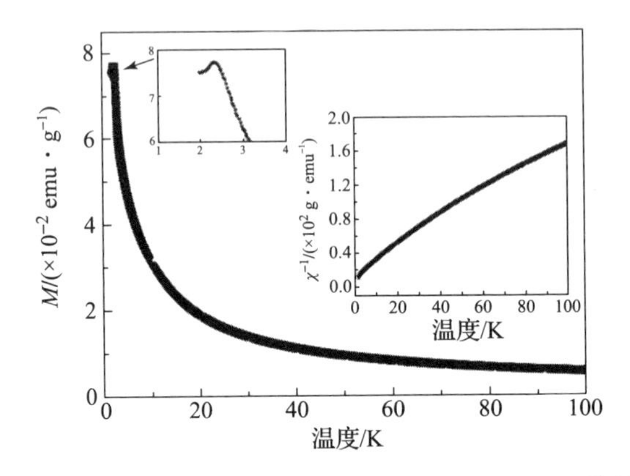

图 7.4　CeB_6 粉末样品在 500 Oe 外场下磁化强度与温度的关系曲线

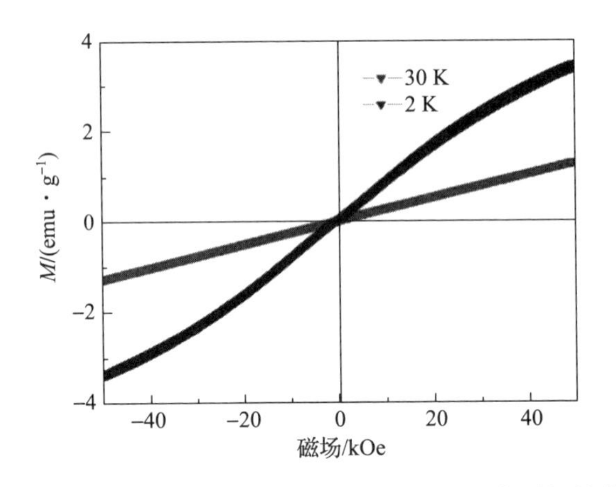

图 7.5　CeB_6 粉末样品在 2 K 和 30 K 下的磁化强度与磁场的关系曲线

7.3　PrB_6 的磁性

图 7.6 为 PrB_6 粉末样品在 500 Oe 外场下磁化强度与温度的关系曲线（插图显示的是质量磁化率倒数与温度的关系曲线）。磁化强度刚开始随着温度的下降而缓慢上升，当温度下降到 6.9 K 以下时磁化强度变化曲线出现了一个小平台，当温度继续下降到 4.2 K 以下时磁化强度又随着温度的下降而呈上升趋势。对 PrB_6 的比热、电阻及中子衍射等实验结果表明 PrB_6 分别在 6.9 K

和4.2 K左右存在两个磁相变[14,42]。当温度降到6.9 K左右时PrB_6从顺磁相转变成非公度反铁磁相，波矢$\boldsymbol{K}_1=\left(\frac{1}{2},\ \frac{1}{4}-\delta,\ \frac{1}{4}\right)$，$\delta\approx0.05$，温度继续下降到4.2 K左右时又从非公度反铁磁相转变成公度反铁磁相，$\boldsymbol{K}_2=\left(\frac{1}{2},\ \frac{1}{4},\ \frac{1}{4}\right)$。从图7.6中的插图可见，$PrB_6$的磁化率在2~100 K温度范围内也偏离居里－外斯定律，Hacker等人的测量结果显示，PrB_6磁化率在100 K以上服从居里－外斯定律，而在100 K以下会偏离居里－外斯定律，其原因也是间接交换作用导致的晶场效应[41]。图7.7为PrB_6粉末样品在2 K和30 K下的磁化强度与磁场的关系曲线，可以看出磁化强度与磁场的关系呈一条直线，没有磁滞，与2 K下的反铁磁和30 K下的顺磁特征相符合。

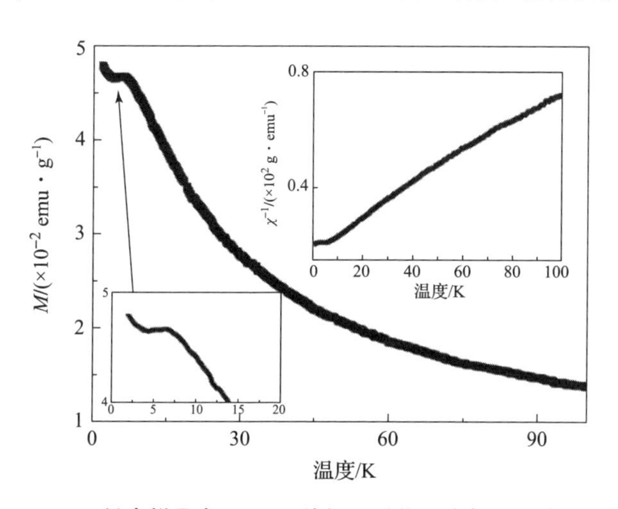

图7.6　PrB_6粉末样品在500 Oe外场下磁化强度与温度的关系曲线

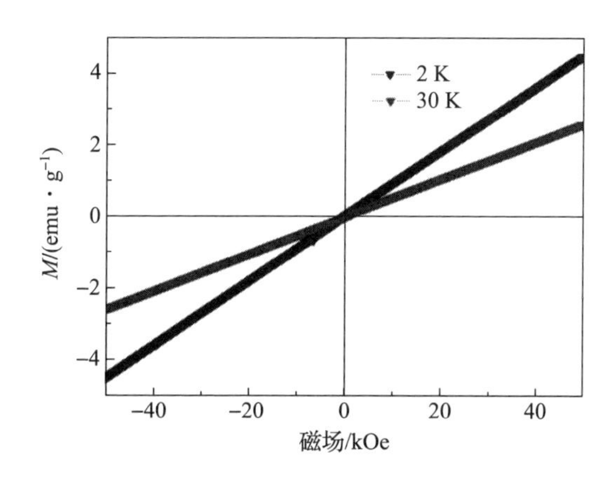

图7.7　PrB_6粉末样品在2 K和30 K下的磁化强度与磁场的关系曲线

7.4　NdB_6 的磁性

图 7.8 为 NdB_6 粉末样品在 500 Oe 外场下磁化强度与温度的关系曲线（插图显示的是质量磁化率倒数与温度的关系曲线）。磁化强度刚开始随着温度的下降而缓慢上升，当温度下降到 7.7 K 以下时磁化强度变化曲线开始随着温度下降而下降，当温度继续下降到 3.6 K 以下时磁化强度又随着温度的下降而呈上升趋势。从图 7.8 中的插图可见，NdB_6 的磁化率在低温范围内有偏离居里－外斯定律的趋势，Stankiewicz 等人的测量结果显示，NdB_6 单晶样品的磁化率在 100 K 以上服从居里－外斯定律，而在 100 K 以下会偏离居里－外斯定律[21]。中子衍射等实验结果表明 NdB_6 单晶样品在温度下降到 8 K 左右时有一个从顺磁态到反铁磁态的转变[17,43-44]。在我们的测量结果中，磁化强度曲线在 7.7 K 时发生的转变代表 NdB_6 粉末样品从顺磁态转变成反铁磁态。而与单晶样品不同，在 3.6 K 时磁化强度曲线又出现了一个转变。图 7.9 为 NdB_6 粉末样品在 2 K、6 K 和 30 K 下的磁化强度与磁场的关系曲线，可以看出三个关系曲线都呈直线，并且 2 K 和 6 K 的曲线是重叠的。结合图 7.8 和图 7.9 可以推断，3.6 K 左右发生的相变是从一种反铁磁态到另一种反铁磁态的相变。发生这种相变的原因可能是 XRD 探测不到的微量杂质，具体原因可在以后的工作中做深入的研究。

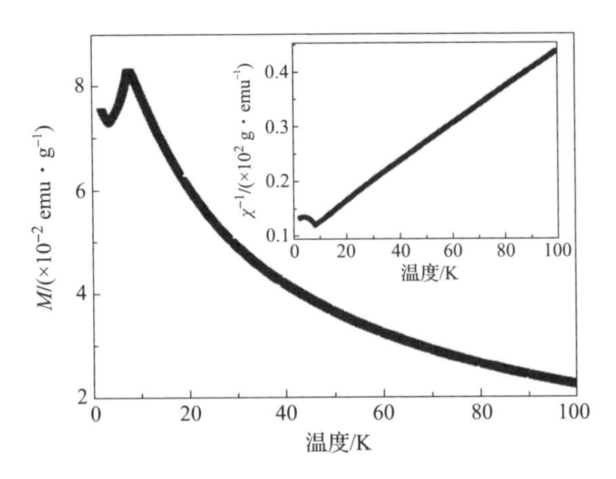

图 7.8　NdB_6 粉末样品在 500 Oe 外场下磁化强度与温度的关系曲线

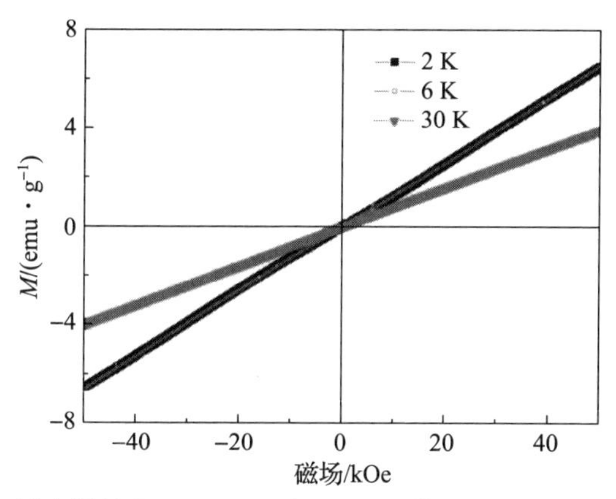

图 7.9　NdB_6 粉末样品在 2 K、6 K 和 30 K 下的磁化强度与磁场的关系曲线

7.5　SmB_6 的磁性

图 7.10 为 SmB_6 粉末样品在 500 Oe 外场下磁化强度与温度的关系曲线。磁化强度在 55 K 附近出现了一个宽峰，并且 15 K 以下随着温度的下降而出现了明显的上升趋势。图 7.11 为 SmB_6 粉末样品在 2 K 与 30 K 下的磁化强度与磁场的关系曲线。在 30 K 时磁化强度与磁场的关系曲线呈一条顺磁直线，而在 2 K 时的低场下有偏离顺磁直线的趋势，甚至没有磁滞出现。结合图 7.10 和图 7.11 可以看出，SmB_6 粉末样品在大概 15 K 以下发生了磁性质的改变。这种磁行为与 SmB_6 单晶样品的情况一样[45-48]。由于 Sm 离子 $4f^6$ 和 $4f^5 5d^1$ 电子的贡献，SmB_6 单晶样品的磁化率与温度的关系在 50 K 以上服从 van Vleck 行为，而在低温时展现出非单调的异常磁行为。早期的研究认为 SmB_6 在低温下（十几开尔文以下）的磁化率随温度下降而明显上升的现象是由于杂质引

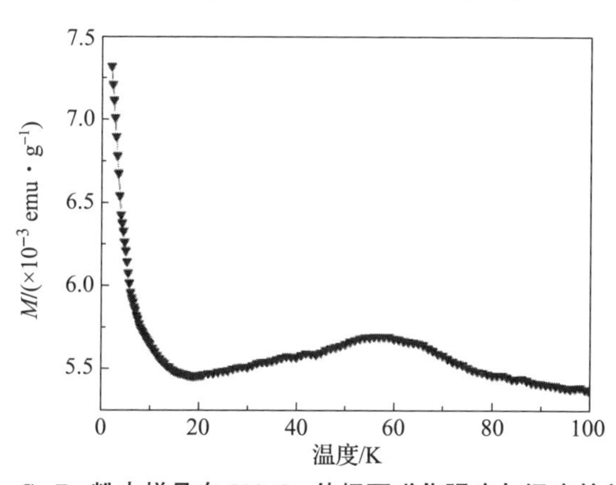

图 7.10　SmB_6 粉末样品在 500 Oe 外场下磁化强度与温度的关系曲线

起的[49-50]，但是近几年制备出的高质量单晶样品上也出现了这种现象[45-46]。Biswas 等人的 μSR 测量结果显示，由于电偶极矩的存在，15 K 以下时整个 SmB_6 单晶样品中出现了均匀的磁场起伏现象，但没发现磁有序现象。他们认为 SmB_6 在低温下的磁行为与低温下的磁场起伏相关的固有自旋能隙态的出现有关。

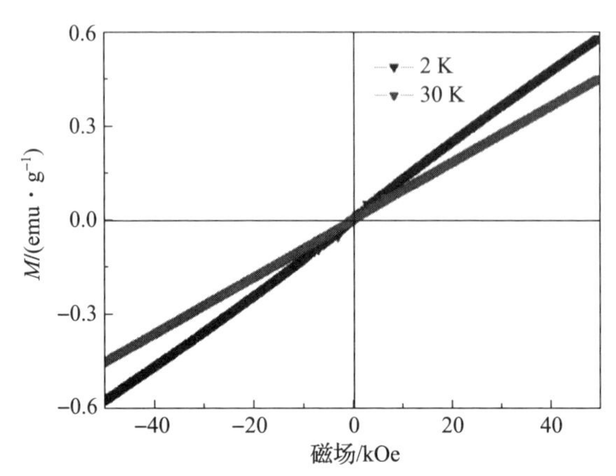

图 7.11　SmB_6 粉末样品在 2 K 与 30 K 下的磁化强度与磁场的关系曲线

7.6　EuB_6 的磁性

图 7.12 为 EuB_6 粉末样品在 500 Oe 外场下磁化强度与温度的关系曲线（插图显示的是质量磁化率倒数与温度的关系曲线）。磁化强度刚开始随着温度的下降而缓慢上升，当温度下降到 20 K 左右时磁化强度变化曲线开始随着温度下降而急速上升，当温度继续下降到 5 K 以下时磁化强度上升趋势又变得比较平缓。早期的研究结果显示 EuB_6 的单晶样品仅在 $T_c \approx 13$ K 有一个顺磁态到铁磁态的相变[36-37]，而之后的比热、电阻、磁性等的测量结果显示 EuB_6 的单晶样品在 $T_{c1} \approx 15$ K 和 $T_{c2} \approx 12$ K 附近分别有两次铁磁相变[34-35,38]。Süllow 等人对 EuB_6 单晶样品的测量结果显示，EuB_6 单晶样品的磁化率高温下服从居里－外斯定律，从磁化率随温度的曲线上得到的居里温度为 15 K[34-35]。从图 7.12 中的插图可见，EuB_6 的磁化率在低温范围内偏离居里－外斯定律，其居里温度为 4 K，与已报道的单晶样品的居里温度相比有明显的下降。这种居里温度的下降与纳米微粒的小尺寸效应有关。纳米微粒的原子间距随着粒径下降而减小，导致材料的居里温度下降。图 7.13 为 EuB_6 粉末样品在 2 K 与 50 K 下的磁化强度与磁场的关系曲线。在 50 K 时磁化强度与磁场的关系曲线呈一条顺磁直线，而在 2 K 时呈没有磁滞的铁磁形状，表明降温过程中发生了顺磁－铁磁相变，与单晶样品的特征相符。

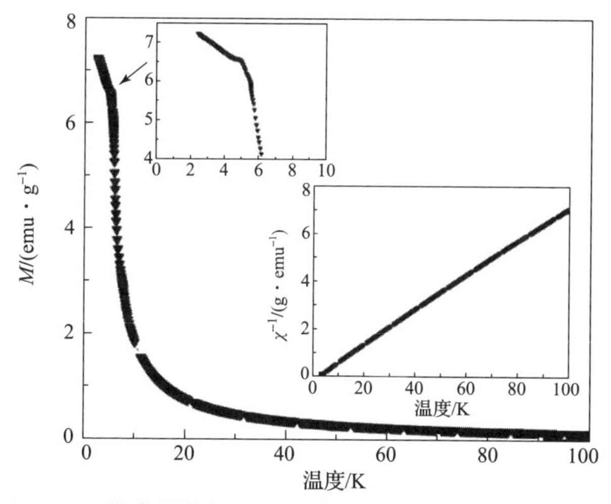

图 7.12　EuB_6 粉末样品在 500 Oe 外场下磁化强度与温度的关系曲线

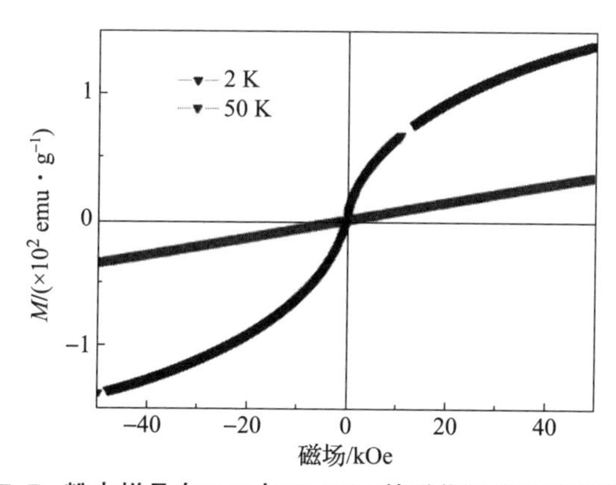

图 7.13　EuB_6 粉末样品在 2 K 与 50 K 下的磁化强度与磁场的关系曲线

参考文献

[1] FISK Z, SARRO JL, COOPER SL, et al. Kondo Insulators [J]. Physica B: Condensed Matter, 1996, 233 - 244, 409 - 412.

[2] RISEBOROUGH P S. Heavy fermion semiconductors [J]. Advances in physics, 2000, 49: 257 - 320.

[3] COLEMAN P. Handbook of magnetism and advanced magnetic materials [M]. New York: John Wiley & Sons, Ltd. 2007, 1: 95 - 148.

[4] YOUNG D P, HALL D, TORELLI M E, et al. High - temperature weak ferromagnetism in a low - density free - electron gas [J]. Nature, 1999, 397:

412 – 414.

[5] TAKASE A, KOJIMA K, KOMATSUBARA T, et al. Electrical resistivity and magnetoresistance of CeB_6 [J]. Solid state communications, 1980, 36 (5): 461 – 464.

[6] FUJITA T, SUZUKI M, KOMATSUBARA T, et al. Anomalous specific heat of CeB_6 [J]. Solid state communications, 1980, 35 (7): 569 – 572.

[7] DEMISHEV S V, SEMENO A V, BOGACHA A V, et al. Antiferro – quadrupole resonance in CeB_6 [J]. Physica B: condensed matter, 2005, 378: 602 – 603.

[8] SLUCHANKO N E, BOGACH A V, GLUSHKOV V V, et al. Magnetic anisotropy in the AFM and SDW phases of CeB_6. [J]. Journal of physics: conference series, 2010, 200: 012189.

[9] KOMATSUBARA T, SUZUKI T, KAWAKAMI M, et al. Magnetic and electronic properties of CeB_6 [J]. Journal of magnetism and magnetic materials, 1980, 15 – 18: 963 – 964.

[10] KOMATSUBARA T, SATO N, KUNII S, et al. Dense Kondo behavior in CeB_6 and its alloys [J]. Journal of magnetism and magnetic materials, 1983, 31 – 34: 368 – 372.

[11] LEE K N, BACHMANN R, GEBALLE T H, MAITA J P. Magnetic ordering in PrB_6 [J]. Physical review B, 1970, 2: 4580 – 4585.

[12] KURAMOTO Y, KUBO K. Interpocket polarization model for magnetic structures in rare – earth hexaborides [J]. Journal of the Physical Society of Japan, 2002, 71: 2633 – 2636.

[13] SERA M, GOTO S, KOSHIKAWA T, et al. Rapid suppression of the commensurate magnetic ordered phase of PrB_6 by La doping [J]. Journal of the Physical Society of Japan, 2005, 74: 2691 – 2694.

[14] MCCARTHY C M, TOMPSON C W, GRAVES R J, et al. Low temperature phase transitions and magnetic structure of PrB_6 [J]. Solid state communications, 1980, 36 (10): 861 – 868.

[15] KOBAYASHI S, SERA M, HIROI M, et al. Anisotropic magnetic phase diagram of PrB_6 dominated by the O_{xy} antiferro – quadrupolar interaction [J]. Journal of the Physical Society of Japan, 2001, 70: 1721 – 1730.

[16] LAZUKOV V N, NEFEODOVA E V, TIDEN N N, et al. Temperature evolution of Pr – ion magnetic response in PrB_6 [J]. Journal of alloys and compounds, 2007, 442: 180 – 182.

[17] MCCARTHY C M, TOMPSON C W. Magnetic structure of NdB_6 [J]. Journal of physics and chemistry of solids, 1980, 41: 1319 – 1321.
[18] LOEWENHAUPT M, PRAGER M. Crystal fields in PrB_6 and NdB_6 [J]. Zeitschrift fur Physik B, 1986, 62: 195 – 199.
[19] POFAHL G, ZIRNGIEBL E, BLUMENRÖDER S, et al. Crystalline – electric – field level scheme of NdB_6 [J]. Zeitschrift fur Physik B, 1987, 66: 339 – 343.
[20] UIMIN G, BRENIG W. Crystal field, magnetic anisotropy, and excitations in rare – earth hexaborides [J]. Physical review B, 2002, 61: 60 – 63.
[21] STANKIEWICZ J, NAKATSUJI S, FISK Z. Magnetotransport in NdB_6 single crystals [J]. Physical review B, 2005, 71: 134426.
[22] GABÁNI S, FLACHBART K, PAVLÍK V, et al. Magnetic properties of SmB_6 and $Sm_{1-x}La_xB_6$, solid solutions [J]. Czechoslovak journal of physics, 2002, 52: A225 – A228.
[23] ALLEN J, BATLOGG B, WACHTER P. Large low temperature hall effect and resistivity in mixed valent SmB_6 [J]. Physical review B, 1979, 20: 4807 – 4813.
[24] COOLEY J, ARONSON M, FISK Z, et al. SmB_6: Kondo insulator or exotic metal? [J]. Physical review letters, 1995, 74: 1629.
[25] SLUCHANKO N E, GLUSHKOV V V, GORSHUNOV B P, et al. Intragap states in SmB_6 [J]. Physical review B, 2000, 61: 9906 – 9909.
[26] COOLEY J C, ARONSON M C, LACERDA A, et al. High magnetic fields and the correlation gap in SmB_6 [J]. Physical review B, 1995, 52: 7322 – 7327.
[27] DZERO M, SUN K, GALITSKI V, et al. Topological Kondo insulators [J]. Physical review letters, 2010, 104: 106408.
[28] DZERO M, SUN K, COLEMAN P, et al. A theory of topological insulators [J]. Physical review B, 2012, 85: 045130.
[29] FU L, KANE C L, MELE E J. Topological insulators in three dimensions [J]. Physical review letters, 2007, 98: 106803.
[30] MOORE J E, BALENTS L. Topological invariants of time reversal invariant band structures [J]. Physical review B, 2007, 75: 121306 (R).
[31] ROY R. Topological phases and the quantum spin Hall effect in three dimensions [J]. Physical review B, 2009, 79: 195322.
[32] PASCHEN S, PUSHIN D, SCHLATTER M, et al. Electronic transport in

$Eu_{1-x}Ca_xB_6$ [J]. Physical review B, 2000, 61 (6): 4174 -4180.
[33] SEMENO A V, GLUSHKOV V V, BOGACH A V, et al. Electron spin resonance in EuB_6 [J]. Physical review B, 2009, 79: 014423.
[34] SÜLLOW S, PRASAD I, ARONSON M C, et al. Structure and magnetic order of EuB_6 [J]. Physical review B, 1998, 57: 5860 -5869.
[35] SÜLLOW S, PRASAD I, ARONSON M C, et al. Metallization and magnetic order in EuB_6 [J]. Physical review B, 2000, 62: 11626 -11632.
[36] KASUYA T, TAKEGAHARA K, KASAYA M, et al. Transport electronic structure of EuB_6, transport and magnetic properties [J]. Le Journal de Physique Colloques, 1980, 41: C5 -161 -C5 -170.
[37] FISK Z, JOHNSTON D C, CORNUT B, et al. Magnetic, transport, and thermal properties of ferromagnetic EuB_6 [J]. Journal of applied physics, 1979, 50: 1911 -1913.
[38] DEGIORGI L, FELDER E, OTT H R, et al. Low - temperature anomalies and ferromagnetism of EuB_6 [J]. Physical review letters, 1997, 79: 5134 -5137.
[39] KAWAKAMI M, KUNII S, KOMATSUBARA T, et al. Magnetic properties of CeB_6 single crystal [J]. Solid state communications, 1980, 36: 435 -439.
[40] WINZER K, FELSCH W. Magnetic ordering in CeB_6 single crystals [J]. Journal of physics, 1978, 39: 832 -834.
[41] HACKER H, SHIMADA Y, CHUNG K S. Magnetic properties of CeB_6, PrB_6, EuB_6, and GdB_6 [J]. Physica status solidi, 1971, 4 (2): 459 -465.
[42] BURLET P, EFFANTIN J M, ROSSAT - MIGNOD J, et al. A single crystal neutron scattering study of the magnetic ordering in praseodymium hexaboride [J]. Journal of physics (Paris), 1988, 49: C8 -459 -C8 -460.
[43] MATTHIAS B T, GEBALLE T H, ANDRES K, et al. Superconductivity and antiferromagnetism in Boron - Rich lattices [J]. Science, 1968, 159: 530.
[44] HACKER H, LIN M S. Magnetic susceptibility of neodymium hexaboride [J]. Solid state communications, 1968, 6: 379 -381.
[45] BISWAS P K, SALMAN Z, NEUPERT T, et al. Low - temperature magnetic fluctuations in the Kondo insulator SmB_6 [J]. Physical review B, 2014, 89: 161107 (R).
[46] CIOMAGA HATNEAN M, LEES M R, MCPAVL D K, et al. Large, high quality single - crystals of the new topological Kondo insulator, SmB_6 [J].

Scientific reports, 2013, 3: 3071.
[47] GLUSHKOVA V V, KUZNETSOVC A V, CHURKINC O A, et al. Spin gap formation in SmB_6 [J]. Physica B, 2006, 378 - 380: 614 - 615.
[48] YEO S, SONG K, HUR N, et al. Effects of Eu doping on SmB_6 single crystals [J]. Physical review B, 2012, 85: 115125.
[49] MENTH A, BUEHLER E, GEBALLE T H, Magnetic and semiconducting properties of SmB_6 [J]. Physical review letters, 1969, 22 (7): 295 - 297.
[50] ROMAN J, FLACHBART K, HERRMANNSDORFER T, et al. Low temperature magnetic properties of samarium hexaboride [J]. Czechoslovak journal of physics, 1996, 46: 1983 - 1984.

第8章

纳米晶稀土六硼化物的场发射特性

扫描电镜和透射电镜是材料、冶金、生物、医学等许多科学分支中重要的分析工具。为了获得更高的空间、时间和能量分辨率，要求电子显微镜的电子源产生更亮、更相干和更稳定的电子束。与其他类型的电子源相比，冷场发射（CFE）极具有最大的亮度和时间相干性[1]。RB_6 因为具有低功函数、低高温挥发性、高亮度、高耐化学性和高机械强度等特点，成为电子显微术和电子发射产品中使用的最佳 CFE 电子源[1-12]。场发射是一种量子隧穿形式[13-19]，其中电子在强电场的作用下经真空从发射材料传递到阳极。这种现象取决于阴极材料本身的性质及其特定的形状。具有更佳宽高比和更锋利边缘的材料产生更大的场发射电流。而场发射正是纳米材料和纳米结构的主要特性之一。与块体材料相比，纳米结构具有许多优势，包括更短的器件激活时间、紧凑性和可持续性[13]。近年来在纳米结构的合成和组装方面取得了很大的进展，使得各种纳米材料的电流密度显著提高，开启电压显著降低。

由给定电场 E 产生的电流密度 J 可以由 Fowler – Nordheim（F – N）方程描述：

$$J = 1.54 \times 10^{-6} \frac{\beta^2 E^2}{\phi} \exp\left[\frac{-6.83 \times 10^7 \phi^{\frac{2}{3}}}{\beta E}\right] \tag{8.1}$$

式中，E 为外加场强；ϕ 为发射材料的功函数；β 为引入的场强增强因子，它反映的是任何尖端在平坦表面上的场强增强程度，可以表示为 h/r，h 和 r 分别为发射中心曲率的高度和半径，因此具有细长几何形状和尖锐尖端或边缘的材料可以大大增加发射电流。图 8.1 为场发射现象示意图。发射发生在发射器的尖端，发射电流则根据尖端形态而变化，如圆形尖端、钝形尖端和锥形尖端等。根据式（8.1），发射电流 I 强烈依赖于发射极材料的功函数、发射极顶点的曲率半径以及发射面积[19]。对于不同的材料，发射电流很大程度上依赖于发射材料的功函数。在特定的场中，具有较低功函数的材料可以产生较大的电子发射电流[13]。

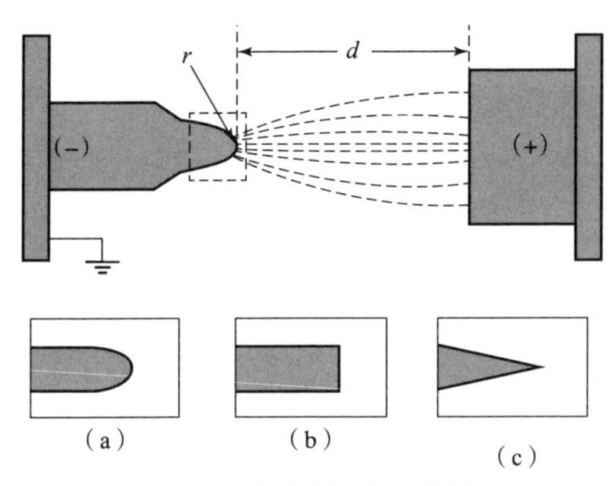

图 8.1　场发射现象示意图

(a) 圆形尖端；(b) 钝形尖端；(c) 锥形尖端

正是由于这些原因，纳米晶 RB_6 的制备、场发射性能以及其在纳米技术和器件中的应用越来越受到人们的关注。Zhang 等人用催化剂辅助 CVD 法合成了单个 LaB_6 纳米线，并对其场发射性能进行了测量，结果显示在 450 V 电压下获得了 0.5 pA 的场发射电流。LaB_6 纳米线发射极的场发射特性符合 F－N方程所描述的金属蒸发场发射模型，用总发射电流除以有效发射面积，估计 800 V 电压下的发射电流密度为 $5\times10^5\ A/cm^2$[20]。与 1 800 ℃、3 000 V 引出电压下的最先进 W/ZrO 热场发射极相比，在 800 V 引出电压下，LaB_6 纳米线发射极在室温下提供的电流密度要大一个数量级。LaB_6 纳米线发射极的电流密度也与碳纳米管场发射极相当，目前被认为是所有纳米管/纳米线发射极中最有前途的场发射极材料。单壁碳纳米管束发射极在相同实验结构下的实验结果表明，其电流密度与 LaB_6 纳米线发射极的电流密度具有相同的数量级[1,21]。

在 RB_6 系列材料中 GdB_6 的逸出功最低，约为 1.5 eV。Zhang 等人用催化剂辅助 CVD 法合成了 GdB_6 纳米线，并研究了其场发射特性[22]。横向尺寸约为 200 nm 的 GdB_6 单纳米线在 650 V 电压下获得了 10 nA 的发射电流，并且发射极失灵之前发射电流达到了 200 nA。GdB_6 场发射特性同样符合 F－N 方程所描述的金属蒸发场发射模型。Xu 等人为了研究场发射特性，用无催化剂辅助 CVD 法合成了 LaB_6、SmB_6 及 PrB_6 等系列化合物的纳米结构[23-26]。结果表明，发射电流密度 J 随外加电场 E 的增大呈指数增长。随着环境温度从室温升高到 573 K，LaB_6 纳米线的发射电流密度显著增加，估算的场强增强因子 β 在 405 ~ 723 之间。在不同的环境温度下，LaB_6 纳米线的有效功函数 $\phi_e=\phi/\beta^{2/3}$ 的变化范围为 0.047 ~ 0.032 eV。对 SmB_6 纳米线来说，在室温以及 5.8 V/μm 的场下可获得 $J=0.1\ mA/cm^2$ 的发射电流密度，而在 573 K 温度下想要获得相同的发射电流密度则只需要 2.9 V/μm 的场。PrB_6 也具有较低的功函数，约为 3.12 eV。当环境温度从室温升高到 623 K，估算的 PrB_6 纳米棒场强增强因子 β 在 823 ~ 1 390 之间。在不同的环境温度下，PrB_6 纳米棒的有效功函数 ϕ_c 的变化范围为 0.037 ~ 0.025 eV。随着环境温度从室温增长到 623 K，在 7.35 V/μm 的场下 PrB_6 纳米棒的发射电流密度从 1.2 mA/cm^2 增加到 13.8 mA/cm^2。同时，在实验中 PrB_6 纳米棒在室温下 1 000 min 的发射电流密度没有出现明显的下降。稳定的场发射行为与大规模、均匀的 PrB_6 纳米棒有关，这保证了所考虑的器件中场分布的均匀性。场发射性能的稳定性说明 PrB_6 纳米棒也是一种很有前途的场发射器件候选材料。

参考文献

[1] ZHANG H, TANG J, YUAN J S, et al. Nanostructured LaB_6 field emitter with lowest apical work function [J]. Nano letters, 2010, 10: 3539 - 3544.

[2] GESLEY M, SWANSON L W. A determination of the low work function planes of LaB_6 [J]. Surface science, 1984, 146: 583 - 599.

[3] NAGATA H, HARADA K, SHIMIZU R. Thermal field - emission observation of single crystal LaB_6 [J]. Journal of applied physics, 1990, 68: 3614 - 3618.

[4] NAKAMOTO M, FURUDA K. Field electron emission from LaB_6 and TiN emitter arrays fabricated by transfer mold technique [J]. Applied surface science, 2002, 202: 289 - 294.

[5] YAMAMOTO N, ROKUTA E, HASEGAWA Y, et al. Oxygen adsorption sites on the PrB_6 (100) and LaB_6 (100) surfaces [J]. Surface science, 1996, 348: 133 - 142.

[6] KAMAULUDEEN M, SELVARAJ I, VISUVASAM A, et al. LaB_6 crystals from fused salt electrolysis [J]. Journal of materials chemistry, 1998, 8: 2205 - 2207.

[7] XU J Q, ZHAO Y M, ZOU C Y, et al. Self - catalyst growth of single - crystalline CaB_6 nanostructures [J]. Journal of solid state chemistry, 2007, 180: 2577 - 2580.

[8] ZHANG H, ZHANG Q, TANG J, et al. Single - crystalline LaB_6 nanowires [J]. Journal of the American Chemical Society, 2005, 127: 2862 - 2863.

[9] XU J Q, WANG Y R, ZHAO Y M, et al. Filed - emission of electrons from EuB_6 submicrotubes [J]. Chinese journal of inorgunic chemistry, 2010, 26: 1056 - 1060.

[10] ZHAO Y M, OUYANG L S, ZOU C Y, et al. Field emission from single - crystalline CeB_6 nanowires [J]. Journal of rare earths, 2010, 28: 424 -427.

[11] JASH P, NICHOLLS A W, RUOFF R S, et al. Synthesis and characterization of single - crystal strontium hexaboride nanowires [J]. Nano letters, 2008, 8: 3794 -3798.

[12] ZHOU S L, ZHANG J X, LIU D M, et al. Properties of CeB_6 cathode fabricated by spark plasma reactive liquid phase sintering method [J]. Journal of inorganic materials, 2009, 24: 793 -797.

[13] FANG X S, BANDO Y, GAUTAM U K, et al. Inorganic semiconductor nanostructures and their field - emission applications [J]. Journol of materials chemistry, 2008, 18: 509 -522.

[14] VILA L, VINCENT P, PRA L D, et al. Growth and fieldemission properties of vertically aligned cobalt nanowire arrays [J]. Nano letters, 2004, 4: 521 -524.

[15] XU C X, SUN X W. Field emission from zinc oxide nanopins [J]. Applied physics letters, 2003, 83: 3806 -3808.

[16] MODINOS A. Field, thermionic, and secondary electron emission spectroscopy [M]. New York: Plenum, 1984.

[17] WANG K R, LIN S J, TU L W. InN nanotips as excellent field emitters [J]. Applied physics letters, 2008, 92: 123105.

[18] VARGHESE B, TEO C H, ZHU Y, et al. Co_3O_4 nanostructures with different morphologies and their field - emission properties [J]. Advanced functional materials, 2007, 17: 1932 -1939.

[19] XU N S, HUQ S E. Novel cold cathode materials and applications [J]. Materials science and engineering R - reports, 2005, 48: 47 -189.

[20] ZHANG H, TANG J, ZHANG Q, et al. Field emission of electrons from single LaB_6 nanowires [J]. Advanced materials, 2006, 18: 87 -91.

[21] ZHANG J, TANG J, YANG G, et al. Efficient fabrication of carbon nanotube point electron sources by dielectrophoresis [J]. Advanced materials, 2004, 16: 1219 -1222.

[22] ZHANG H, ZHANG Q, ZHAO G P, et al. Single - crystalline GdB_6 nanowire field emitters [J]. Journal of the Americal Chemical Society, 2005, 127: 13120.

[23] XU J Q, ZHAO Y M, ZHANG Q Y. Enhanced electron field emission from singlecrystalline LaB_6 nanowires with ambient temperature [J]. Journal of

applied physics, 2008, 104: 124306.
[24] XU J Q, ZHAO Y M, ZOU C Y. Self – catalyst growth of LaB_6 nanowires and nanotubes [J]. Chemical physics letters, 2006, 423: 138 – 142.
[25] XU J Q, ZHAO Y M, JI X H, et al. Growth of single – crystalline SmB_6 nanowires and their temperature – dependent electron field emission [J]. Journal of physics D: applied physics, 2009, 42: 135403.
[26] ZHANG Q Y, XU J Q, ZHAO Y M, et al. Fabrication of large – scale singlecrystalline PrB_6 nanorods and their temperature – dependent electron field emission [J]. Advanced functional materials, 2009, 19: 742 – 747.

第9章
纳米晶稀土六硼化物的展望

具有独特尺度和几何结构的纳米晶 RB_6 材料注定在光子学和电子学相关的多个领域中扮演重要的角色，其独特的近红外屏蔽及可见光高穿透特性满足了隔热或光热治疗材料的需求，而优异的场发射性能使其成为高新技术所需电子源的理想材料。近年来，各国研究人员在开发合成 RB_6 纳米材料的新技术、探索其生长机理以及其实际应用等方面取得了重大进展。然而，仍有许多领域需要额外的工作，包括但不限于以下几方面。

（1）颗粒的大小和形状对材料的光学响应等物理性质有重要的影响。目前已发展出多种制备 RB_6 纳米材料的方法，包括催化剂辅助 CVD、无催化剂 CVD、固相反应等。然而，制备尺寸和形貌可控的纳米晶 RB_6 颗粒仍然较为困难，先前研究中使用的球磨工艺在颗粒表面会形成一层氧化物。制备 RB_6 纳米结构的主要挑战是所涉及的高温等苛刻的反应条件，研究一种简单有效低成本的 RB_6 纳米晶制备方法，获得形貌和粒径可控的样品具有重要意义。因此，在 RB_6 纳米材料的合成、纯化、大规模生产和组装等方面，还需要进一步的研究。此外，由于纳米颗粒具有较大的比表面积和较高的表面能，因此防止纳米颗粒的团聚仍然是开发隔热材料的当务之急。

（2）关于合成 RB_6 纳米结构的生长机理还需要进一步研究。了解 RB_6 纳米结构的生长机理，对于控制和设计具有完整结构，明确直径、密度和取向的 RB_6 纳米材料至关重要。RB_6 纳米结构的可控生长将加快对其独特性能和应用的研究。此外，为了开发新的 RB_6 纳米结构以及控制产物的结构和组成，需要研究确定更有效的 RB_6 纳米材料结构、直径和长度的定位、定向和控制方法。

（3）新型 RB_6 纳米结构的设计和合成是基于其在高性能光子和电子器件中的应用。低功函数、高温低挥发性、高亮度、高耐化学性和高机械强度是 RB_6 纳米结构最显著的性能。目前对 RB_6 纳米结构物理性能的研究仍处于实验室阶段。例如实际智能玻璃必须考虑到大规模制备性、恶劣环境下的长期稳定性、良好的柔韧性和机械强度等多种因素，因此后续研究应该注重这些实际器件制备方面的问题，RB_6 纳米结构在电子显微镜和电子发射体产品的 CFE 电子源中的潜在应用是非常有前景的。

（4）RB_6 化合物具有强相关特性以及复杂的磁结构等奇特的物理现象和丰富的物理内涵。以往的研究大多集中在 RB_6 的单晶或多晶样品上。一般来说，纳米材料会表现出异常的物理和化学性质，而这些性质在其体材料中是不会显现的。例如，在 600 mK 以下 SmB_6 体材料的表面观察到了铁磁序，而纳米颗粒样品将增强表面的贡献，颗粒的尺寸越小，人们就越有可能探测到这种信号。因此，有必要对 RB_6 纳米结构的磁性进行深入研究。

总之，纳米结构的 RB_6 具有优异的物理性能和丰富的物理内涵，在民用和军用等多个领域有着巨大的应用潜力。研究者们已对 RB_6 纳米晶的合成、结构以及光学、电学、磁学等物理性质进行了大量的研究。然而，对 RB_6 纳米结构进行更深入的研究，探索有效的加工技术，开发新的纳米结构，进一步研究其合成方法和物理性能，获得粒径和形貌可控的纳米颗粒，促进其商业化应用，实现并满足其在各种高性能纳米器件中潜在应用的必要条件对 RB_6 材料的发展具有重要意义。随着人们对 RB_6 纳米结构原理认识的加深，相信这些领域当中的许多方面在不久的将来会取得更大的进展。

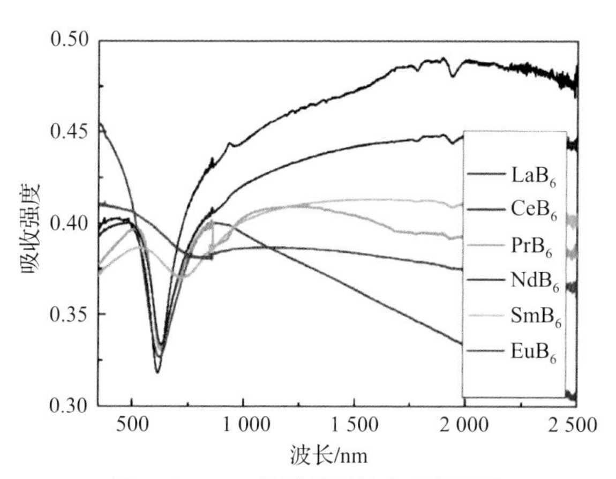

图 5.3　RB_6 薄膜样品的光吸收图谱